"5·12"汶川大地震
极重灾区生态恢复跟踪监测评估

(2008—2017)

雷毅　王忠　杨渺◎主编

四川科学技术出版社

·成都·

图书在版编目(CIP)数据

"5·12"汶川大地震极重灾区生态恢复跟踪监测评估:2008-2017 / 雷毅, 王忠, 杨渺主编. -- 成都:四川科学技术出版社, 2022.6

ISBN 978-7-5727-0440-6

Ⅰ.①5… Ⅱ.①雷… ②王… ③杨… Ⅲ.①地震灾害-灾区-生态恢复-连续监测-灾害管理-汶川县-2008-2017 Ⅳ.①X171.4

中国版本图书馆 CIP 数据核字(2022)第 005895 号

"5·12"汶川大地震极重灾区生态恢复跟踪监测评估(2008—2017)

主　　编　雷毅　王忠　杨渺

出 品 人　程佳月
责任编辑　刘涌泉
责任校对　王国芬
封面设计　景秀文化
责任出版　欧晓春
出版发行　四川科学技术出版社
　　　　　成都市锦江区三色路 238 号　邮政编码 610023
　　　　　官方微博：http://e.weibo.com/sckjcbs
　　　　　官方微信公众号：sckjcbs
　　　　　传真：028-86361756
成品尺寸　185mm×260mm
　　　　　印张 13.75　字数 280 千　插页 2
印　　刷　四川科德彩色数码科技有限公司
版　　次　2022 年 6 月第一版
印　　次　2022 年 6 月第一次印刷
定　　价　98.00 元

ISBN 978-7-5727-0440-6

邮　　购：成都市锦江区三色路 238 号新华之星 A 座 25 层　邮政编码：610023
电　　话：028-86361758

"5·12"汶川大地震
极重灾区生态恢复跟踪监测评估
(2008—2017)

指导单位　四川省生态环境厅
主编单位　四川省生态环境科学研究院
支持单位　中国科学院生态环境研究中心
　　　　　生态环境部卫星环境应用中心

主　　编　雷　毅　　王　忠　　杨　渺
副 主 编　方自力　　谢　强　　江腊海　　刘　婕　　芮永峰　　李德俊
编写人员　肖　燚　　侯　鹏　　吴　瑕　　翟　俊　　王晓迪　　祝汉收
　　　　　李　波　　谭　婷　　刘小恺　　艾　蕾　　陈云嵩　　毛　竹
　　　　　李　颖　　徐　玮　　李　林　　李洪益　　王庆安　　陈　婷
　　　　　薛晨阳　　苟文龙　　杨梅周

校　　核　杨　渺　　吴　瑕

特别致谢　欧阳志云　　研究员　　　中国科学院生态环境研究中心
　　　　　姜晓亭　　　省政府参事　四川省环境决策咨询委员会
　　　　　叶　宏　　　副理事长　　四川省环境科学学会
　　　　　徐卫华　　　研究员　　　中国科学院生态环境研究中心
　　　　　刘国华　　　研究员　　　中国科学院生态环境研究中心
　　　　　王效科　　　研究员　　　中国科学院生态环境研究中心
　　　　　崔国发　　　教　授　　　北京林业大学
　　　　　冉江洪　　　教　授　　　四川大学

目 录

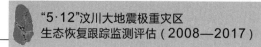

1 绪 论

1.1 研究背景

2008 年 5 月 12 日 14 时 28 分，四川省汶川县发生震惊世界的特大地震，最大烈度 11 度，震级高达里氏 8.0 级。地震导致灾区山体严重垮塌，并诱发崩塌、滑坡、泥石流和堰塞湖等大规模次生地质灾害。自然生态系统遭到严重破坏，水土保持、水源涵养、生物多样性保护等生态功能被极大削弱。根据原国土资源部最终公布的结果，汶川大地震中受灾最为严重的汶川县、北川县、绵竹市、什邡市、青川县、茂县、安县（现安州区）、都江堰市、平武县、彭州市 10 个县市被列为汶川大地震极重灾区。

十县市所处区域水源涵养、水土保持等生态服务功能十分突出，在国家生态安全中发挥着不可替代的重要作用[1][2]。2015 年，国家原环境保护部发布的《全国生态功能区划（修编版）》以水源涵养、土壤保持、防风固沙、生物多样性保护和洪水调蓄 5 类主导生态调节功能为依据，确定了对中国生态安全具有重要意义的 63 个重要生态功能区域[3]。汶川大地震极重灾区就位于岷山—邛崃山—凉山生物多样性保护与水源涵养重要生态功能区。十县市所处区域对于成都都市圈区域发展也具有重要意义。尤其是龙门山区域，不仅是成都都市圈

---

① 杨渺，谢强，方自力，刘孝富，廖蔚宇，王萍."5·12"汶川大地震极重灾区生态服务功能恢复总体评估 [J]. 长江流域资源与环境，2016，25（4）：685 - 694.

② 全国生态环境保护纲要 [J]. 中国水土保持，2001（4）：4 - 7.

③ 邹长新，徐梦佳，高吉喜，杨姗姗. 全国重要生态功能区生态安全评价 [J]. 生态与农村环境学报，2014，30（6）：688 - 693.

的生态屏障，也是岷江和沱江的重要水源涵养区，更是沱江的源头，对于缓解天府新区快速发展过程中的水资源供需矛盾具有重要作用。

生物多样性是人类赖以生存和发展的重要基础。汶川大地震极重灾区处于岷山—横断山北段陆地生物多样性保护优先区，是中国35个生物多样性保护优先区之一，区域内大熊猫数量占到中国大熊猫野生种群的70%。2021年，我国正式设立三江源、大熊猫、东北虎豹、海南热带雨林、武夷山等第一批国家公园。大熊猫国家公园横跨四川、陕西、甘肃三省，总面积为2.71万 km^2，其中四川片区的面积占整个大熊猫国家公园面积的87.7%。大熊猫国家公园四川片区的关键地带主要位于汶川大地震极重灾区十县市范围内。

汶川大地震极重灾区是维护国家生态安全和生物多样性的重要区域，切实保护好区域生态环境，是维护国家生态安全的义务和责任[①]，也是生态文明建设的重要任务。受"5·12"汶川大地震影响，区域生态系统遭受极大破坏，至今仍未完全恢复，由于生态环境脆弱，次生灾害频发，而且受灾面积广大，基础设施损毁严重，十县市也是灾后恢复重建的重难点区域。生态环境保护决策者迫切需要掌握的信息是：区域受损生态系统整体恢复效果如何？不同区域之间恢复效果有何差异？未来生态恢复的重点区域是什么？随着生态环境的逐渐恢复以及社会经济的高速发展，区域环境保护和可持续发展面临着哪些新的挑战？我们如何应对？

许多学者在极重灾区范围内选择样地样方，研究了地震对生态环境造成的影响。然而，因自然条件、受损程度，以及次生灾害、人类活动等诸多因素影响，各受损生态系统的恢复进程在时空两个维度上并不同步。目前尚欠缺针对十年来汶川大地震极重灾区整体恢复趋势和空间分异的研究，难以回应生态环境保护决策者的关切。

人类和自然生态系统相互关联、密不可分。一方面，生态系统为人类提供生命支撑物质和生态服务功能，是支撑人类生存和社会发展的基本保证；另一方面，人类社会发展过程也对生存环境进行着改造，对生态系统的演变产生着潜移默化的影响。欲回答以上问题，需在地震受损生态系统恢复监测的基础上开展科学评估。不过，开展生态系统科学评估也是当前人类为消除生态和社会

---

① 艾敏，刘子辉，蒋立强. 典型城市重要生态功能区保护现状与对策建议研究——以江苏省常州市为例 [J]. 环境科学与管理，2012，37（12）：158-160.

危机，实现可持续发展所面临的严峻挑战①。生态系统研究一般会从生态系统格局、质量，生态系统服务功能的现状及演变，以及讨论其内在变化的驱动因素等几个方面入手。在所有生态系统格局的评价指标里，土地利用的变化和景观格局的演变可以最直观地反映自然过程和人类干预对区域生态系统造成的影响，广泛应用于生态影响评价②。以土地利用及景观格局为研究对象，在遥感解译获取土地利用类型的基础上，将土地利用覆被的变化和对区域生态系统结构和功能的影响有机结合，可为调整和优化不同土地利用类型占比，科学规划土地资源提供理论支撑③。开展生态系统及其脆弱性评价研究，深入剖析生态脆弱性的形成原因和驱动机制，在指导生态脆弱区修复保育及生态建设、环境治理等方面具有重要意义，可为自然资源合理利用提供参考和决策依据④。可持续发展作为世界各国共同关注并长期致力的目标⑤，通过设计生态系统服务功能及价值评估体系框架，建立不同的功能评估模型，科学、准确、客观地评估生态系统的潜在价值⑥，可为决策者提供直观且充分的生态系统信息，对于避免出现损害生态系统服务的短期经济行为，保障自然资本被合理开发，并最终实现人类自身的可持续发展具有重要价值⑦⑧。

1.2 研究内容

通过对国内外研究进展进行论述和总结归纳，对比分析不同评价方法的内涵、优缺点及适用范围，借鉴典型模型及实践经验，选取适合汶川大地震极重

---

① 王丹君. 基于 MODIS 的中国重要生态功能区生态功能评估 [D]. 北京：北京林业大学，2011.

② 余艳红. 景观格局指数在生态环境影响评价中的应用——以丽江至香格里拉铁路生态影响评价为例 [J]. 环境科学导刊，2010，29（2）：82-85，108.

③ 许倍慎. 江汉平原土地利用景观格局演变及生态安全评价 [D]. 武汉：华中师范大学，2012.

④ 杨强. 基于遥感的榆林地区生态脆弱性研究 [D]. 南京：南京大学，2012.

⑤ 赵红兵. 生态脆弱性评价研究 [D]. 济南：山东大学，2007.

⑥ 崔向慧. 陆地生态系统服务功能及其价值评估 [D]. 北京：中国林业科学研究院，2009.

⑦ 赵秋艳. 东昌湖生态系统服务功能价值评估研究 [D]. 济南：山东大学，2007.

⑧ 高琼. 沈阳市生态系统服务功能价值评估与生态功能区划 [D]. 重庆：西南大学，2006.

灾区生态系统评价的方法。通过文献资料调研，全面掌握汶川大地震极重灾区自然环境、社会经济状况。根据研究目标，持续开展汶川大地震灾后生态恢复跟踪监测。在此基础上，开展震后五年间生态系统恢复监测评估；开展震后十年间生态系统恢复监测评估；开展地震十年后生态与环境现状评估，在生态恢复跟踪监测及震后十年生态环境现状综合评估的基础上，结合区域生态环境特点，进行区域生态系统状况优化和功能提升对策研究。

1.2.1 研究区域概况

梳理汶川大地震极重灾区的自然资源禀赋、生态环境现状及各市县社会经济发展特征。

1.2.2 震后生态系统恢复评价

1.2.2.1 震后五年生态系统服务功能恢复评价

分别以 2007 年、2009 年、2013 年三个阶段代表地震前、地震后以及恢复期三个时期，评价汶川大地震极重灾区 10 个县市水土保持功能、水源涵养功能、生物多样性维持功能的变化情况。生态服务功能的评价采用空间分析方法，水土保持功能采用 RUSLE 模型计算，水源涵养功能评价采用降水贮存量法，生物多样性维持功能通过建立生境质量指数评价体系计算。

1.2.2.2 震后十年间生态系统恢复情况评价

生态系统构成是指不同区域森林、草地、湿地、农田、城镇和其他（冰川、裸地等）生态系统的面积和比例。生态系统格局是指生态系统的空间格局，即不同生态系统空间上的配置。生态系统格局反映了各类生态系统自身的空间分布规律和各类生态系统之间的空间结构关系，是决定生态系统服务功能整体状况及其空间差异的重要因素，也是针对不同区域特征实施生态修复的重要依据。本研究利用遥感手段，解译地震前后不同时期土地利用状况，分析汶川大地震极重灾区地震前后的生态系统格局动态变化。

（1）生态系统构成及其变化研究

遥感影像是生态系统信息提取的基础性数据。通过对遥感影像进行预处理、空间滤波、地形校正和辐射增强等操作，结合我国《土地利用现状分类》（GB/T 21010—2017），建立研究区域的生态系统分类体系，通过人机交互解译和部分外业调查数据校验，完成对区域遥感影像的分类和生态系统类型信息的提取，从区域宏观尺度出发，分析不同生态系统类型在空间上的分布与配置、数量上的比例等状况，评价生态系统类型、分布、比例与空间格局，为生态系统格局评价奠定基础。

（2）生态系统质量及其变化研究

依托不同时期遥感影像，开展归一化植被指数、总初级生产力、增强植被指数、叶面积指数时空特征分析。定量分析十年内生态系统质量变化的时空分异特征和空间变化趋势，科学评估灾后重建工作的恢复效果。

（3）植被群落结构及物种变化

从样方尺度分析汶川大地震极重灾区群落结构的变化和物种多样性构成及演变，分析演变的机制。

（4）土壤营养元素变化

地震对滑坡体土壤有明显的破坏作用。滑坡迹地上土壤质地、有机质和矿质元素含量等表征土壤质量的指标总体呈现下降趋势，必将影响植被的恢复进程。对土壤养分状况的分析，有助于加深植被生长动态的理解。

1.2.3　地震十年后区域生态与环境现状评估

1.2.3.1　震后十年生态重要性现状评估

汶川大地震极重灾区是长江上游岷江水系生态屏障的重要组成部分，生态服务功能十分突出。结合空间分辨率优于 2.5 m 的高分影像，在植被类型及植被覆盖度遥感监测的基础上，综合考虑地形地貌、水文地质、气象以及植被分布等要素的影响，对生态系统服务功能进行量化，重点评估该区域土壤保持功能、水源涵养功能以及固碳释氧功能。确定汶川大地震极重灾区生态资产的评估对象，即区域生态系统的土壤保持、水源涵养和固碳释氧功能[1]。运用工程替代法、价格替代法、成本替代法等核算模型，对生态系统服务功能的价值量进行计算。

1.2.3.2　震后十年生态脆弱性现状评估

生态系统脆弱性是生态系统在特定时空尺度相对于外界干扰所具有的敏感反应和自我恢复能力，是生态系统的固有属性[2]。遵循主导因素原则、科学性与实践性相结合原则，根据汶川大地震极重灾区的生态环境特点，选取影响区

①　王方．祁连山自然保护区生态资产价值评估研究［D］．兰州：兰州大学，2012.

②　乔青，高吉喜，王维，田美荣，吕世海．生态脆弱性综合评价方法与应用［J］．环境科学研究，2008（5）：117－123.

域生态环境脆弱程度的主要因素——地质灾害，土壤侵蚀性、人类活动等，综合评价区域生态系统脆弱性[1][2]。

1.2.3.3 震后十年环境承载力现状评估

（1）大气污染评价

通过将监测点位的各项指标（SO_2、NO_2、O_3、CO、PM_{10}、$PM_{2.5}$）现状值与《环境空气质量标准》（GB 3095—2012）中规定的阈值相对比，得到该区域的大气污染监测结果。筛选出各市（县）超出阈值的指标，进行大气污染超标评价。对大气污染超标的地区结合实际情况进行污染原因分析。

（2）水污染评价

通过流域水污染监测和湖库水污染监测，对汶川大地震极重灾区的水污染情况进行分析与评价。在流域监测断面获取溶解氧、高锰酸盐指数、化学需氧量、生化需氧量、氨氮、总磷等指标值，在湖库监测断面监测化学需氧量、氨氮等指标。

（3）环境污染综合评价

综合大气污染监测结果和水污染监测结果，采用极大值模型集成污染物浓度的综合超标指数。根据污染物浓度综合超标指数，将评价结果划分为污染物浓度超标、接近超标和未超标三种类型。污染物浓度超标指数越小，表明区域环境系统对社会经济系统的支撑能力越强。对汶川大地震极重灾区各市（县）环境污染进行综合评价以及污染原因分析，从而提出促进当地环境改善的政策建议。

1.2.4 区域生态系统状况优化及功能提升对策研究

1.2.4.1 具体措施研究

基于前文对生态系统不同层面的评价与分析结果，面向生态系统格局优化、服务功能与价值提升、脆弱性改善和承载力提升四个方面，结合汶川大地震极重灾区实际情况，从不同的侧重点出发提出针对性措施，涵盖工程技术手段与管理制度安排，相互配合实现生态系统质量优化及功能提升的倍增效应。

---

① 赵珂，饶懿，王丽丽，刘玉.西南地区生态脆弱性评价研究——以云南、贵州为例[J].地质灾害与环境保护，2004（2）：38-42.

② 乔青.川滇农牧交错带景观格局与生态脆弱性评价[D].北京：北京林业大学，2007.

重点结合区域发展目标，充分发挥当地生态资源禀赋的优势，设定区域产业发展模式，提出区域可持续发展对策。

1.2.4.2 宏观对策研究

从顶层设计与宏观调控的角度出发，立足于中国特色社会主义生态文明建设理念的最新要求，对接国外先进管理理念，充分融入电子信息技术智能化高速发展的时代潮流，从管理手段、技术手段和试点手段三个方面选取当前城市可持续发展的典型模式，探索符合国家最新引导方向的政策本地化建议和最佳响应措施。

1.2.5 技术路线

通过查阅相关文献和资料收集，建立汶川大地震极重灾区生态系统信息综合数据库①。涵盖遥感影像等栅格数据、地理要素等矢量数据以及社会经济文本数据等多种数据类型。全面深入了解汶川大地震极重灾区的自然环境状况、资源禀赋状况和社会经济状况。开展震后十年期间生态系统恢复过程监测（即生态系统类型、质量，以及群落结构组成及其变化和土壤养分含量及变化）；开展"5·12"汶川大地震十年后生态与环境现状评估（生态重要性评估、生态脆弱性评估），在恢复特征监测及地震十年后生态环境综合评估的基础上，结合区域生态环境特点，进行对策措施研究。针对汶川大地震极重灾区生态系统状况优化和功能提升提出具体措施和宏观对策。本研究技术路线如图 1 - 2 - 1 所示。

---

① 许倍慎. 江汉平原土地利用景观格局演变及生态安全评价 [D]. 武汉：华中师范大学，2012.

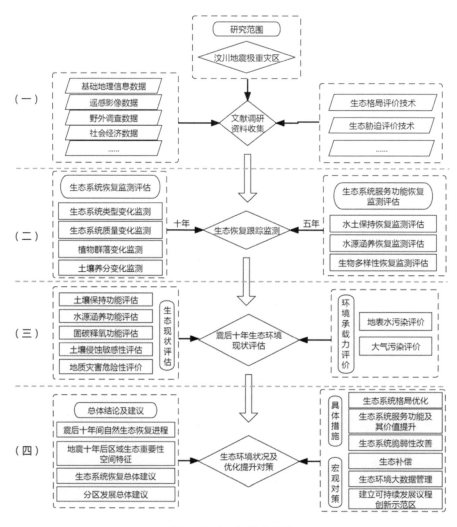

图1-2-1 技术路线图

1.3 研究意义

针对汶川大地震极重灾区十县市的生态恢复，开展长达十年的跟踪监测。在此基础上，分析十县市生态系统恢复情况；评估十县市经过十年自然恢复和社会发展区域生态与环境现状；识别十县市面临的可持续发展难题，提出区域生态系统状况优化及功能提升对策。该研究对支撑区域生态系统保护与修复，促进当地社会经济绿色可持续发展与生态文明建设具有重要意义，所应用的技术方法，对于受损后生态系统保护修复、监测监管具有重要借鉴意义。

2 汶川大地震极重灾区基本概况

本章主要介绍汶川大地震极重灾区的自然环境、资源禀赋、社会经济状况，明晰了区域开展生态保护的重要性与必要性。

2.1 自然环境概况

2.1.1 地理位置

汶川大地震的 10 个极重灾区县（市），包括汶川县、北川县、绵竹市、什邡市、青川县、茂县、安县、都江堰市、平武县和彭州市（见图 2-1-1）。该区域位于成都平原西北部与川西高原向四川盆地过渡地带，地理位置介于东经 102°51′~105°38′和北纬 30°44′~33°02′，总面积约 26 410 km²，空间位置呈西南—东北条带形分布，两端最长距离约 350 km，横跨成都市、德阳市、绵阳市、广元市、阿坝藏族羌族自治州（以下简称"阿坝州"）等市（州）。

图 2-1-1 汶川大地震极重灾区示意图

2.1.2 地质岩性

汶川大地震极重灾区所处的龙门山地区位于青藏高原东缘，地质现象丰富，地质构造复杂，其东南部位于"东部四川中台坳"地质构造单元，西北部位于"四川西部龙门山褶断带"地质构造单元。在漫长的地质运动中，该区域西北部地质构造经历了澄江运动、印支运动、喜马拉雅山运动三次强烈造山运动，形成了以黄水河群地层作为基底构造层，"彭灌杂岩体"作为物质基础的褶断带。区域地质上，处在青藏高原东缘构造带中段的岷山断裂带和龙门山断裂带，主要受龙门山断裂带的中央断裂（北川—映秀—青川断裂）、前山断裂（安县—都江堰断裂）及后山断裂（安县—都江堰断裂）控制。中央断裂从北川向南经太平场、绵竹、汉旺以西及清平南过什邡水磨沟，到彭州轿顶山，穿过银厂沟、龙门山镇白水河到映秀。在汶川大地震中，三支断裂均有活动迹象，极重灾区多个县市均处于这三支断裂带上，这也是该区域在汶川大地震发生前崩塌、滑坡、泥石流等地质灾害极度发育的重要原因之一（见表2-1-1）。

表2-1-1　汶川大地震极重灾区地层岩性表

代	系	统	地层名称	代号	岩性
新生代	第四系	全新统	现代河流冲积层	Q_4	黏土—河流砾岩
		中更新统	现代河流冲积层	Q_2	石灰岩—砂质砾岩—黏土
	新近系	上新统		Q_3^{3al}	砂质砾岩—碳质泥岩—黏土
中生代	白垩系		夹关组	K_j	砾岩—岩屑砂岩—碳质泥岩
			灌口组	K_g	砾岩—砂岩—粉砂岩
	侏罗系	侏罗系上统	莲花口组下段	J_3^{ll}	砾质砂岩—砂岩—粉砂岩
		侏罗系中统	沙溪庙组	J_2	砾岩—砂岩—粉砂岩
			遂宁组	J_2^{sn}	泥岩—粉砂岩—石灰岩
		侏罗系下统	自流井群	J_{1-2}^{zl}	砾岩—石英砂岩
	三叠系	三叠系上统	须家河组	T_3^x	岩屑砂岩—页岩—泥质灰岩
		三叠系下统	飞仙关组	T_1	泥岩—粉砂岩夹页岩—石灰岩
古生代	二叠系	二叠系上统		P_2	石墨片岩—石英岩—绢云母石英片岩
		二叠系下统	梁山组	P_1	石灰岩—页岩
	泥盆系	泥盆系上统		D_3	白垩—白云岩—白云质灰岩

续表2－1－1

代	系	统	地层名称	代号	岩性
古生代	震旦系	震旦系上统	陡山沱组	Z_{bd}	长石石英砂岩—含砾砂岩—砾岩
		震旦系下统	火山岩组	Z_a	安山岩—流纹岩—凝灰熔岩
元古代			黄水河群中部岩组	P_{thn}	透辉石大理岩—墨云片岩—石榴石云母片岩

该区出露的地层较为齐全，包括从元古代、古生代、中生代到新生代各时期的地层。主要地层由中元古界黄水河群（P_{thn}）、震旦系（Z）、月里寨群（Dyl）和第四系（Q）组成。该区第四系地层主要为现代河流冲积层和洪积层。

2.1.3 气候特征

汶川大地震极重灾区位于中国东南与西北季风（高原季风）交汇区，受地理位置和地形地势的影响，区域内气候类型多样，垂直地带变化明显，随海拔高度和坡向不同而变化，以北亚热带山地湿润季风气候为主，处于东南季风迎风坡面的四川盆地西缘山地气候温和、湿润，降水丰沛，多暴雨地带；越过九顶山进入岷江上游流域，主要为暖温带大陆性半干旱季风气候；汶川县绵虒镇以北岷江河谷区域，受局部地形的影响，焚风效应明显，气温较低，降水量偏少，气候干燥，蒸发量是降水量的2～3倍，形成典型的干旱河谷地带。

区内总体气候温和，四季分明，雨量充沛，降雨有明显的季节性，亚热带季风气候的雨季主要集中在7—8月，而温带大陆性气候的雨季主要集中在5—9月，且降雨年际分布不均，最多年份降水量是最少年份的3倍。该区是我国总地势中第二阶地向第一阶地过渡的多雨地区。区域东北部［平武县、北川羌族自治县（以下简称"北川县"）、青川县］年平均气温15 ℃，其中1月平均气温5.3 ℃，7月平均气温24.8 ℃；年平均无霜期250～280 d；年平均降水量866～1 355 mm；年平均相对湿度70%。西南部区域年平均气温11.5～16.3 ℃，1月平均气温5 ℃，7月平均气温24 ℃；年平均无霜期220～300 d；年平均降水量486～1 419 mm；年日照时数1 058～1 693 h。

2.1.4 水系流域

汶川大地震极重灾区内水系发达，是许多重要河流的发源地和上游区域。极重灾区河流分属岷江、沱江、涪江和白龙江水系，其中岷江流域面积

8 869 km²，涉及汶川县、茂县、都江堰市；沱江流域面积 3 528 km²，涉及彭州市、什邡市、绵竹市；涪江流域面积 10 744 km²，涉及平武县、北川县、安县，以及茂县东部 497 km²，涪江和白龙江属于嘉陵江一级支流；白龙江流域面积 3 269 km²，涉及青川县。区域内主要河流除岷江、沱江、涪江外，还包括嘉陵江、大渡河等。极重灾区也是沱江和涪江的源头区。

岷江位于四川盆地腹部区的西部边缘，发源于四川和甘肃接壤的岷山南麓，四川境内自北向南流经茂县、汶川县、都江堰市，在都江堰引水工程迎江分引，之后一部分穿成都平原，一部分经乐山并接纳大渡河和青衣江，至犍为纳马边河，于宜宾市汇入长江（见图 2-1-2）。

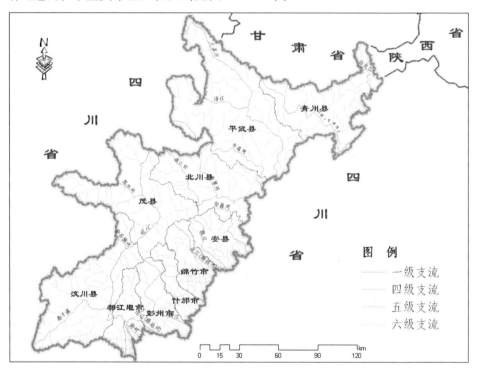

图 2-1-2　汶川大地震极重灾区水系图

2.1.5　植被特征

根据《四川植被》，汶川大地震极重灾区植被分别属于米仓山植被小区、岷江上游植被小区、龙门山植被小区和川西平原植被小区。米仓山植被小区主要包括青川县，常见植被为常绿阔叶林。岷江上游植被小区包括汶川县和茂县的部分地区，常见植被包括亚高山针叶林和常绿阔叶落叶混交林。龙门山植被小区包括平武县、北川县和茂县、安县、都江堰市、什邡市、绵竹市、汶川县、彭州市的部分地区，常见植被为亚高山常绿针叶林和常绿阔叶林。川西平原植被小区包括安县、都江堰市、什邡市、彭州市和绵竹市的平原地区，以人工植被为常见植被[①]。

2.1.6 土壤条件

汶川大地震极重灾区土壤类型主要有山地黄壤、黄棕壤、暗棕壤、亚高山针叶林土、山地灰化土、亚高山草甸土、高山草甸土、高山寒漠土等地带性土壤，以及灰褐土、紫色土、冲积土、潮土和水稻土等。区内土壤随海拔变化的垂直带谱明显，龙门山以西地区基带地带性土壤为棕壤，河谷褐土发育充分，土壤黏性弱，结构松散，肥力较好；东部基带地带性土壤为黄壤及其亚类（见图2-1-3）。在人口密集的农业区域，土壤肥力变化大。土壤类型的垂直变化与植被类型随海拔高度的变化一致，由此构成了生物、生态和环境相统一的完整综合体。

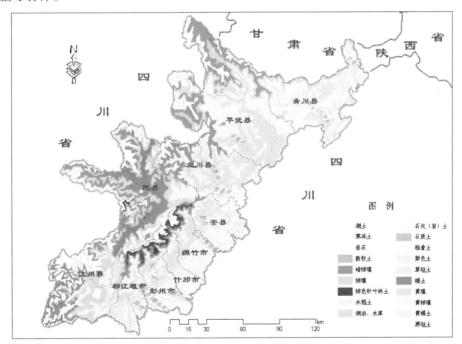

图2-1-3 汶川大地震极重灾区土壤特征图

① 李甜甜. 汶川大地震极重灾区生态恢复研究 [D]. 长沙：湖南科技大学，2012.

2.2 资源禀赋概况

2.2.1 耕地资源

汶川大地震极重灾区地域辽阔，地势西北高、东南低，地貌以龙门山及秦岭西侧南坡中高山为主，同时还有盆地、山前平原和低山丘陵。该区域内海拔大于1 200 m的山地和高原面积占60%左右，海拔在1 200~3 000 m的峡谷区及峡谷与山前平原过渡地带占25%，海拔大于3 000 m的高原、山原及峡谷区占34%以上[①]，故适于耕种的土地面积比例较小，多集中分布于地势平坦的东南部平原区和平原向山地过渡区，汶川大地震极重灾区内农田生态系统仅占国土空间的15%左右，耕地资源相对贫乏。

2.2.2 水资源

整个地震灾区人均水资源量大于3 000 m³，约为全国平均水平的1.4倍，水资源相对丰富。西北部高原山区和山区年降水量相对丰富，人口数量少，经济发展水平低，人均水资源占有量远高于其他地区，许多县（市、区）人均水资源占有量超过10 000 m³。东南部平原区及丘陵区人口相对集中，经济较发达，人均水资源量偏低，是水资源相对贫乏区，大部分县（市、区）人均水资源量低于1 700 m³警戒线。从区域分布来看，西部高山高原地区和盆地边缘山区水资源充裕，需求较小，同时开发难度也比较大；成都平原地区当地水资源不足，工农业耗水巨大，需求量大，且以过境水为主，开发利用条件优越，但潜力不大；盆地腹部丘陵区水资源匮乏，供求矛盾突出。总体而言，整个地震灾区水资源量相对丰富，但由于分布不均，在供需与利用上存在一定的矛盾[②]。

2.3 社会经济概况

2.3.1 人口变化

汶川大地震极重灾区人口分布极不平衡，人口密度较高的区域主要集中在成都平原地区，涉及都江堰市、彭州市和什邡市；人口密度一般的区域为盆地

---

① 陈万象. 后重建时期灾区资源环境承载力评价研究 [D]. 成都：成都理工大学，2013.

② 李甜甜. 汶川大地震极重灾区生态恢复研究 [D]. 长沙：湖南科技大学，2012.

丘陵区，主要涉及绵竹市和安县；山区由于土地资源有限，人口密度较低，涉及平武县、北川县、青川县、汶川县以及茂县（见图 2 - 3 - 1）。2007 年、2008 年和 2017 年的人口密度空间分布状况一致。

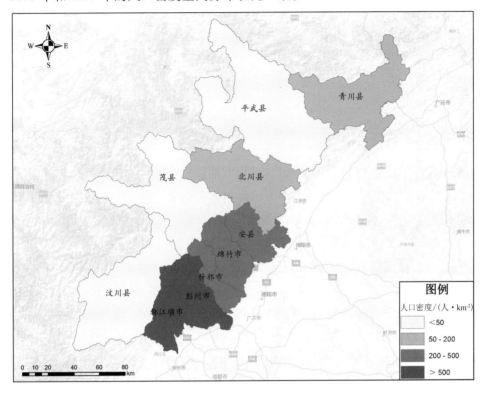

图 2 - 3 - 1 汶川大地震极重灾区人口密度空间分布图

地震后十年各县（市、区）人口密度调查发现，北川县人口密度增长最快，由 54 人/km² 增至 72 人/km²，增幅为 33.3%。其次为都江堰市，由 507 人/km²增至 572 人/km²，增幅为 12.8%（见图 2 - 3 - 2）。人口密度的变化，给生态环境带来了一定的影响与压力。经济较发达的各市、州中心区域，人口数量的明显增加，更容易产生一系列生态环境问题，如资源需求量增多、过度开发利用和人们对生存环境的污染与破坏，导致生物多样性降低、水体富营养化、土壤和大气污染等。因此，人口密度的增加对维持生态系统稳定和良好演变具有一定的不利影响。

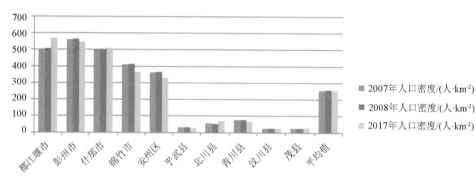

图 2-3-2 极重灾区人口密度变化图

2.3.2 经济发展

经过十年时间的灾后恢复建设，汶川大地震极重灾区的经济社会总体发展取得了飞跃性的突破，经济发展水平已经超过震前水平，集中表现在以下几个方面。

2.3.2.1 GDP 高速增长，且人均 GDP 涨幅明显

汶川大地震极重灾区 10 市县 2007 年的 GDP 总量为 627.35 亿元，人均 GDP 为 16 138.3 元；2008 年受地震重创，汶川大地震极重灾区 10 市县的 GDP 下降至 478.72 亿元，人均 GDP 降至 11 697.1 元。2017 年，汶川大地震极重灾区 10 市县的 GDP 总量达到 1 657.48 亿元，增幅高达 163.82%，人均 GDP 达到 41 427.2 元，增幅为 156.7%（见表 2-3-1、表 2-3-2）。

2.3.2.2 地方财政收入稳步提升

汶川大地震极重灾区 10 市县 2007 年的地方财政一般预算收入为 273 986 万元；震后下降为 212 330 万元。2017 年，地方财政收入提高为 1 048 672 万元，是震前的 3.83 倍（见表 2-3-3）。

2.3.2.3 工业及服务业经济发展迅速，产业结构持续优化

基于国家对灾区发展实施新旧动能转换的战略部署，汶川大地震极重灾区的三次产业产值稳步提升，各区县第一产业比重不断下降，第二产业、第三产业的比重不断提高，产业结构不断优化。

总体而言，随着灾后十年重建和后续发展以及生态文明建设的推进，灾区社会事业全面发展。政府体制改革不断深入，产业发展稳步转型，对外开放与合作持续加强，经济水平突破性增长，教育、科研水平不断提升，医疗服务、基础设施建设等社会保障体系逐步完善，人居生活环境加速优化，灾区人民总

体生活水平不断提高①。

表 2-3-1　汶川大地震极重灾区地区生产总值（GDP）变化情况

单位：万元

极重灾区	2007 年地区生产总值	2008 年地区生产总值	2017 年地区生产总值
安县	507 278	491 681	1 320 542
北川县	131 631	101 694	501 883
都江堰市	1 162 156	766 471	3 485 014
茂县	101 301	66 008	339 394
绵竹市	1 425 244	1 043 541	2 607 026
彭州市	1 084 228	1 008 940	4 125 759
平武县	163 343	131 282	415 275
青川县	137 825	114 518	357 565
什邡市	1 272 761	926 148	2 846 616
汶川县	287 721	136 884	575 676
总和	6 273 488	4 787 167	16 574 750

表 2-3-2　汶川大地震极重灾区人均地区生产总值变化情况

单位：元

极重灾区	2007 年人均地区生产总值	2008 年人均地区生产总值	2017 年人均地区生产总值
安县	10 434	10 086	33 973
北川县	8 598	6 735	22 618
都江堰市	18 568	12 301	50 654
茂县	9 512	6 239	30 604
绵竹市	28 863	21 292	57 034

---

①　陈万象. 后重建时期灾区资源环境承载力评价研究 [D]. 成都：成都理工大学，2013.

续表2-3-2

极重灾区	2007 年人均地区生产总值	2008 年人均地区生产总值	2017 年人均地区生产总值
彭州市	14 028	12 998	53 051
平武县	9 366	7 741	24 719
青川县	6 107	5 324	16 835
什邡市	29 703	21 498	67 955
汶川县	26 204	12 757	56 829
总和	161 383	116 971	414 272

表 2-3-3　汶川大地震极重灾区地方财政收入变化情况

单位：万元

极重灾区	2007 年地方财政收入	2008 年地方财政收入	2017 年地方财政收入
安县	11 208	8 320	56 855
北川县	5 178	6 177	45 065
都江堰市	75 828	48 111	258 442
茂县	4 099	3 250	16 915
绵竹市	60 253	39 258	161 830
彭州市	35 483	48 638	272 472
平武县	7 566	5 645	26 192
青川县	2 115	1 806	18 248
什邡市	59 954	45 307	161 087
汶川县	12 302	5 818	31 566
总和	273 986	212 330	1 048 672

注：资料来源于 2008 年、2009 年、2018 年《四川省统计年鉴》。

3 区域生物多样性

3.1 物种多样性

汉川大地震极重灾区所在区域是四川省生物多样性最丰富的区域之一，共有野生维管束植物种3 417种（含亚种、变种、变型、变异，下同），占全省野生维管束植物种总数的27.5%；野生脊椎动物785种（含亚种），占全省野生脊椎动物总数的49.7%；国家重点保护野生植物32种，占全省国家重点保护野生植物总数的31.1%，其中有国家一级保护植物7种，国家二级保护植物25种；国家重点保护野生动物83种，占全省国家重点保护野生动物总数的50.9%，其中国家一级保护动物16种，国家二级保护动物67种；中国特有种动植物目前记录的数量为2 003种，占全省总数的30.1%。

3.1.1 野生维管束植物丰富度

汉川大地震极重灾区野生维管束植物种共有3 417种（含亚种、变种、变型、变异，下同），其中被子植物3 162种，裸子植物56种，蕨类植物199种。极重灾区10个县市中汉川县野生维管束植物最丰富，有1 578种，其次为茂县，绵竹县相对最少（见表3-1-1）。

表 3-1-1　汶川大地震极重灾区野生维管束植物多样性

单位：种（含亚种、变种、变型、变异）

极重灾区	蕨类植物	裸子植物	被子植物	合计	特有种数	濒危种
安县	29	9	599	637	231	22
北川县	32	10	550	592	217	33
都江堰市	108	16	1 130	1 254	527	64
茂县	54	40	1 456	1 550	805	122
绵竹市	20	5	376	401	111	10
彭州市	27	5	515	547	192	25
平武县	65	29	1 253	1 347	633	75
青川县	30	10	429	469	169	17
什邡市	36	9	648	693	242	33
汶川县	77	25	1 476	1 578	800	125

3.1.2　野生高等动物多样性

汶川大地震极重灾区有野生脊椎动物785种（含亚种，下同），其中哺乳类124种，鸟类447种，爬行类54种，两栖类35种，鱼类125种。极重灾区10个县市中青川县野生脊椎动物最多，有462种，其次为汶川县，茂县相对最少（见表3-1-2）。

表 3-1-2　汶川大地震极重灾区野生高等动物多样性

单位：种（含亚种）

极重灾区	哺乳类	鸟类	两栖类	爬行类	鱼类	合计	中国特有种数	受威胁种数
安县	42	155	16	43	60	316	74	66
北川县	67	287	4	35	25	418	67	94
都江堰市	47	218	20	25	102	412	97	74
茂县	59	176	12	13	16	276	64	68
绵竹市	37	218	3	23	83	364	70	52
彭州市	41	217	14	22	86	380	79	59
平武县	76	276	14	36	19	421	77	112
青川县	69	280	13	33	67	462	90	87
什邡市	37	219	3	22	82	363	69	54
汶川县	81	286	19	31	25	442	84	100

3.1.3 物种特有性

汶川大地震极重灾区中国特有种动植物目前记录的数量为 2 003 种。其中，植物特有种为 1 808 种，包括裸子植物 38 种，被子植物 1 701 种；动物特有种 195 种，包括哺乳类 39 种，鸟类 28 种，两栖类 22 种，爬行类 31 种，鱼类 75 种。极重灾区 10 个县市中茂县的植物特有种最多，都江堰市的动物特有种最多（见表 3 - 1 - 3）。

表 3 - 1 - 3　汶川大地震极重灾区物种特有性

单位：种（含亚种、变种、变型、变异）

极重灾区	植物特有种			动物特有种					
	合计	裸子植物	被子植物	合计	哺乳类	鸟类	两栖类	爬行类	鱼类
安县	224	5	219	74	5	11	9	24	25
北川县	211	6	205	67	16	20	2	18	11
都江堰市	489	7	482	97	9	7	10	13	58
茂县	788	27	761	64	18	17	9	7	13
绵竹市	106	3	103	70	7	13	1	9	40
彭州市	185	3	182	79	9	7	7	12	44
平武县	612	21	591	77	22	22	7	17	9
青川县	161	7	154	90	14	21	6	15	34
什邡市	231	6	225	69	8	13	1	8	39
汶川县	774	16	758	84	25	15	13	17	14

3.1.4 物种受威胁程度

根据《中国物种红色名录》确定的濒危物种级别，判定物种受威胁程度。极重灾区共有极危物种 19 种，濒危物种 84 种，易危物种 152 种，近危物种 226 种，共计 481 种。其中，植物物种中极危物种有 12 种，濒危物种有 47 种，易危物种有 97 种，近危物种有 138 种；脊椎动物中极危物种有 7 种，濒危物种有 37 种，易危物种有 55 种，近危物种有 88 种（见表 3 - 1 - 4）。

表 3 - 1 - 4　　汶川大地震极重灾区物种受威胁状况

单位：种（含亚种、变种、变型、变异）

极重灾区	植物受威胁程度					动物受威胁程度				
	合计	极危物种	濒危物种	易危物种	近危物种	合计	极危物种	濒危物种	易危物种	近危物种
安县	22	0	1	6	15	66	3	14	20	29
北川县	33	1	3	12	17	94	6	17	24	47
都江堰市	90	4	15	33	38	74	3	16	26	29
茂县	122	6	16	39	61	68	2	14	16	36
绵竹市	10	0	0	5	5	52	2	12	17	21
彭州市	25	0	3	10	12	59	2	12	18	27
平武县	75	1	10	25	39	112	5	24	31	52
青川县	17	0	0	8	9	87	5	17	24	41
什邡市	33	0	10	12	11	54	1	11	20	22
汶川县	125	3	20	49	53	100	3	22	25	50

3.2 景观多样性

汶川大地震导致景观类型的破碎程度增加，连通性降低，在汶川大地震极重灾区各县市景观水平上，SHDI、SHEI 等景观指数的计算结果如图 3 - 2 - 1 所示。

SHDI（Shannon's Diversity Index，香农多样性指数）用来估算群落多样性的高低，其大小反映景观类型的多少和各景观类型所占比例的变化。当景观是由单一类型构成时，景观是均质的，其多样性指数为 0；景观指数并不是越大越好。汶川大地震极重灾区各县市中 SHDI 超过 2 的有汶川县、绵竹市、安县、彭州市、什邡市、都江堰市 6 个县市，其中 SHDI 最高的为汶川县，其值为 2.137 5。说明上述县市相对于其他县市来说景观异质化程度较高，景观利用程度较为丰富。青川县的 SHDI 最低，为 1.650 9，说明青川县相对于其他县市来说景观类型较为单一。

SHEI（Shannon's Evenness Index，香农均度指数）描述景观格局中各组分分配的均匀程度，其值越大，表明景观各组成成分分配越均匀。SHEI 表示景观镶嵌体中不同景观类型在其数目或面积方面的均匀程度，取值范围为 0～1。其值越低，各个景观类型所占面积比例差异越大；越接近 1，则类型间的面积比例越接近。汶川大地震极重灾区各县市中，安县、汶川县、绵竹市和都江堰市 SHEI 最高，其值分别为 0.706 7、0.691 5、0.671 6 和 0.650 7，景观分布较为均匀；青川县 SHEI 最低，其值为 0.551 1，景观类型所占比例差别较大。

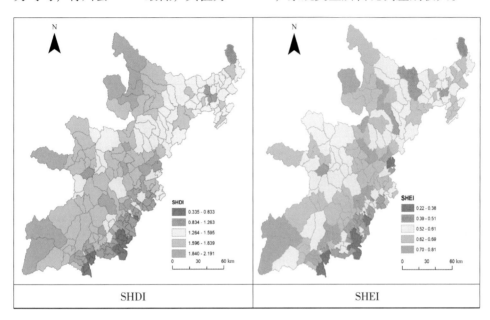

图 3 - 2 - 1　景观多样性指数

3.3　生物多样性保护地设立现状

汶川大地震极重灾区目前已基本形成了以自然保护区为骨干，同时包括风景名胜区、森林公园、湿地公园、地质公园等不同类型法定保护地在内的生物多样性就地保护网络体系，使极重灾区内 90% 的陆地生态系统种类、95% 的野生动物和 65% 的高等植物，特别是大熊猫、红豆杉、水青冈等国家重点保护的珍稀濒危动植物绝大多数得到了较好的保护。

3.3.1　自然保护区建设

汶川大地震极重灾区现有省级及以上自然保护区 15 个，其中国家级自然保护区 8 个，省级自然保护区 7 个，总面积为 6 735.52 km²，占极重灾区总面积的 25.5%（见表 3 - 3 - 1）。

表 3-3-1　汶川大地震极重灾区自然保护区建设情况

保护区名称	主要保护对象
四川白水河国家级自然保护区	森林生态系统、大熊猫、川金丝猴等珍稀野生动植物
四川龙溪-虹口国家级自然保护区	亚热带山地森林生态系统、大熊猫、珙桐等珍稀动植物
四川千佛山国家级自然保护区	大熊猫、川金丝猴等珍稀野生动物及其栖息地
四川王朗国家级自然保护区	大熊猫、川金丝猴等珍稀动物及森林生态系统
四川小寨子沟国家级自然保护区	大熊猫、扭角羚及森林生态系统
四川雪宝顶国家自然保护区	大熊猫、川金丝猴、扭角羚及其栖息地
四川唐家河国家级自然保护区	大熊猫等珍稀野生动物及森林生态系统
四川卧龙国家级自然保护区	大熊猫等珍稀野生动物及森林生态系统
四川九顶山省级自然保护区	大熊猫等珍稀动物
四川片口省级自然保护区	大熊猫、川金丝猴等珍稀野生动物及森林生态系统
四川小河沟省级自然保护区	大熊猫、川金丝猴、扭角羚等珍稀濒危野生动植物及其栖息地
青川东阳沟省级自然保护区	大熊猫、川金丝猴、扭角羚等珍稀濒危野生动植物及其栖息地
四川毛寨省级自然保护区	大熊猫、川金丝猴、扭角羚等珍稀濒危野生动物及其栖息地
四川草坡省级自然保护区	以大熊猫、川金丝猴为主的珍稀野生动植物
四川省宝顶沟省级自然保护区	大熊猫等珍稀野生动植物及其栖息地

3.3.2　风景名胜区建设

汶川大地震极重灾区目前已建有各级风景名胜区 7 个，其中，国家级风景名胜区 2 个，省级风景名胜区 5 个。风景名胜区总面积 872.78 km²，占极重灾区总面积的 3.3%（见表 3-3-2）。

表 3-3-2　汶川大地震极重灾区风景名胜区建设情况

级别	名称	景观特征	所在县（市、区）	面积/km²
国家级	青城山-都江堰	道教文化、古堰水利工程	都江堰市	28.9
	龙门山	山谷、溪流	彭州市	63.46
省级	三江	河流	汶川县	124.32
	蓥华山	峡谷、溪流、瀑布	什邡市	12.49
	九顶山	高山景观、野生动植物	绵竹市	343.02
	千佛山	山谷、森林	绵阳市安州区	97.92
	九鼎山-文镇沟大峡谷	峡谷、溪流	茂县	202.67
总面积				872.78

3.3.3　森林公园建设

汶川大地震极重灾区目前已建有各级森林公园 9 处，其中，国家级森林公园 5 处，省级森林公园 4 处，总面积达 473.48 km²，占极重灾区总面积的 1.8%（见表 3-3-3）。

表 3-3-3　汶川大地震极重灾区森林公园建设情况

级别	名称	所在地		面积/km²
		市（州）	县（市、区）	
国家级	都江堰国家森林公园	成都市	都江堰市	295.48
	白水河国家森林公园	成都市	彭州市	22.72
	千佛山国家森林公园	绵阳市	安州区	78
	北川国家森林公园	绵阳市	北川县	36.56
	云湖国家森林公园	德阳市	绵竹市	10.13
省级	四川省天鹅森林公园	德阳市	什邡市	2.33
	四川省龙池坪森林公园	绵阳市	平武县	7.3
	四川省土地岭森林公园	阿坝州	茂县	11.6
	四川省巴布纳森林公园	阿坝州	汶川县	9.36
总面积				473.48

3.3.4 地质公园建设

汶川大地震极重灾区目前已建有国家级地质公园 3 个，总面积 211.94 km²，占极重灾区总面积的 0.8%（见表 3-3-4）。

表 3-3-4 汶川大地震极重灾区地质公园建设情况

级别	名称	主要地质景观	分布区域	面积/km²
国家级	四川龙门山构造地质国家地质公园	以推覆构造和飞来峰为代表的典型地质剖面和地貌	彭州市、什邡市、绵竹市	189.86
	四川安县生物礁国家地质公园	晚三叠世硅质六射海绵礁群化石保存地、砾岩岩溶地貌	绵阳市安州区、北川县	21.7
	绵竹清平-汉旺国家地质公园	地震地质灾害遗迹、地震遗迹	绵竹市	0.38
总面积				211.94

3.3.5 水产种质资源保护区建设

汶川大地震极重灾区目前已建有国家级水产种质资源保护区 1 个，省级水产种质资源保护区 1 个（见表 3-3-5）。

表 3-3-5 汶川大地震极重灾区水产种质资源保护区建设情况

级别	名称	所在区域	流域
国家级	清江河特有鱼类国家级水产种质资源保护区	青川县	嘉陵江流域清江河
省级	平通河裂腹鱼类国家级水产种质资源保护区	平武县、北川县	嘉陵江流域涪江水系平通河干流及支流平南河

3.3.6 世界文化自然遗产地建设

汶川大地震极重灾区目前分布有世界文化自然遗产地 2 处，其中自然遗产地 1 处，文化遗产地 1 处（见表 3-3-6）。

表3-3-6　汶川大地震极重灾区世界自然文化遗产地情况

级别	名称	景观特征	所在地
世界自然遗产地	大熊猫自然遗产地	大熊猫栖息地	都江堰市、汶川县
世界文化遗产地	青城山－都江堰文化遗产地	道教文化、古堰水利	都江堰市

3.3.7　大熊猫国家公园建设

2017年初，中共中央办公厅、国务院办公厅正式印发《大熊猫国家公园体制试点方案》，方案确定四川、陕西、甘肃三省设立大熊猫国家公园，总面积 27 134 km^2，其中四川省的大熊猫国家公园面积达 20 177 km^2，国家公园中岷山片区涉及汶川大地震10个极重灾区。

3.4　景观多样性与生物多样性

从极重灾区各县市 SHDI 景观指数空间分布来看，汶川大地震极重灾区景观多样性丰富区域主要集中在南段的汶川县、北端的平武县以及龙门山一带。景观多样性较高区域较大范围被已建各类保护地所覆盖。一般来说，各类保护地所在区域往往是生物多样性丰富区域。因此，从技术上来说，在生物多样性物种调查数据缺乏的情况下，一定程度上可以景观评价的方法来进行生物多样性评价。另一方面，可以看出汶川大地震极重灾区生物多样性较大程度上以各类保护地建设的方式得以保护。今后应加强各类保护地开发建设活动的监管，另外，对于生物多样性较为丰富而保护地空缺的区域，需要结合保护需要，建设相应形式的保护地，达到生物多样性保护与生态价值转化的双重目的。景观多样性与生物多样性的空间重叠度如图3-4-1所示。

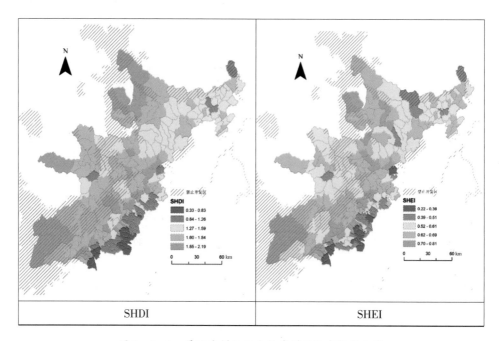

图 3-4-1　景观多样性与生物多样性的空间重叠度

4 震后五年生态系统服务功能 恢复监测评估

四川岷山—横断山北段陆地生物多样性保护优先区属于中国35个生物多样性保护优先区之一，区域内大熊猫数量占到中国大熊猫野生种群的70%。该区域位于四川盆地西缘，水源涵养、水土保持等生态服务功能十分重要，在国家生态安全中发挥着重要作用。

生态系统服务功能直接关系到人类福祉，政策制定中越来越多地考虑到生态系统服务功能①。对生态服务功能进行合理分析和评估，有助于人类对自然生态系统的可持续开发与利用，从而实现生态系统的可持续管理②。本研究的目的是通过对汶川大地震极重灾区震后生态服务功能的跟踪评估，反映汶川大地震灾区生态恢复总体状况，以期为灾区中长期生态恢复跟踪监测、生态恢复措施的制定和及时调整提供决策支持。生态服务功能评估内容主要是水土保持功能、水源涵养功能、生物多样性维持功能以及地震五年后的恢复情况。

4.1 评估方法及数据来源

分别以2007年、2009年、2013年三个阶段代表地震前、地震后以及恢复期三个时期。生态服务功能评价采用空间分析方法，水土保持功能采用 RUSLE

① 黄从红，杨军，张文娟. 生态系统服务功能评估模型研究进展 [J]. 生态学杂志，2013，32（12）：3360 - 3367.
② 黄桂林，赵峰侠，李仁强，等. 生态系统服务功能评估研究现状挑战和趋势 [J]. 林业资源管理，2012（4）：17 - 23.

模型计算，水源涵养功能评价采用降水贮存量法①，生物多样性维持功能通过建立生境质量指数评价体系计算。

4.1.1 水土保持功能评价方法

水土保持功能用土壤保持量指标来评价。利用降雨、土壤、坡长坡度、植被和土地管理等因素，根据通用土壤流失方程 RUSLE 评价潜在和实际土壤侵蚀量，然后以两者的差值即土壤保持量来评价生态系统土壤保持功能的强弱。土壤侵蚀强度计算及分级方法参见杨渺等②研究成果。

4.1.2 水源涵养功能评价

水源涵养功能评价采取林冠截流量表示。林冠截留量的计算方法如下式所示。其中，VC 为林冠水源涵养截流量（t），p_i 为林冠单位面积截流能力（t/hm²），s_i 为评估单元的面积（m²），f_i 为评估单元植被覆盖度，LAI_i 为评估单元的叶面积指数，h_i 为评估单元植被的最大截流量（m）。

$$VC = \sum p_i \times s_i = \sum (f_i \times LAI_i \times h_i) \times s_i$$

植被覆盖度、LAI 采用 TM 影像反演得到。不同植被类型冠层最大截流量参考李双权等研究成果。

水源涵养重要性分级：在 ArcGIS 中采用自然分类法，把林冠截量留计算结果分为低、较低、中、较高、高 5 个等级，表示水源涵养重要性等级。统计各级所占面积，并对分级为"中—高"的面积总和进行统计。

4.1.3 生物多样性功能评价

地震对生物多样性保护功能影响评价通过生境适宜度评价进行。根据评价区域的具体自然环境特征以及人文特征、评价目的和评价等级要求，参考欧阳志云等研究结果，利用层次分析法建立评价指标体系③④，评价地震对生物多样

① 李双权. 长江上游森林水源涵养功能研究 [D]. 呼和浩特：内蒙古农业大学，2008，47－48.

② 杨渺，谢强，谭晓蓉，等. 基于 GIS/RS 的地震灾区流域水土保持功能恢复效应评价 [J]. 四川环境，2013，32（1）：39－45.

③ 欧阳志云，刘建国，肖寒，等. 卧龙自然保护区大熊猫生境评价 [J]. 生态学报，2001，21（11）：1869－1874.

④ 王学志，徐卫华，欧阳志云. 生态位因子分析在大熊猫（*Ailuropoda melanoleuca*）生境评价中的应用 [J]. 生态学报，2008，28（2）：821－828.

性保护功能的影响。水源涵养能力分级：在 ArcGIS 中采用自然分类法，将汶川大地震极重灾区生境适宜性划分为低、较低、中、较高、高 5 个等级。

4.2 生态功能变化评估

4.2.1 水土保持功能变化

4.2.1.1 总体变化

（1）侵蚀模数

10 个县市 "5·12" 汶川大地震前平均土壤侵蚀模数为 3 024.5 t/（km^2·a），震后平均土壤侵蚀模数上升为 3 039.2 t/（km^2·a），通过五年恢复后土壤侵蚀模数下降为 3 026.8 t/（km^2·a），但仍然高于震前水平。结果说明，汶川大地震灾区水土保持功能总体有所恢复，但没有恢复到震前状态。斑块侵蚀模数的平均标准方差震前为 2 904.2，震后上升到 2 907.6，恢复期又下降到 2 903.4。这说明，斑块之间侵蚀强度的均一化程度在逐步提高（见表 4-2-1）。

表 4-2-1　震前、震后、恢复期土壤侵蚀模数对比

时间	平均土壤侵蚀模数/（t·km^{-2}·a^{-1}）	标准方差	土壤侵蚀模数总和
震前	3 024.50	2 904.24	198 960 878.26
震后	3 039.24	2 907.60	208 962 997.00
恢复期	3 026.77	2 903.41	199 110 125.22

（2）土壤侵蚀敏感性

将土壤侵蚀模数划分为 5 个等级，表示不同侵蚀敏感性。研究区土壤侵蚀敏感性以微度、轻度和中度为主，占研究区总面积的 79% 以上。把侵蚀敏感性各等级所占面积进行排序，对于震后各个时期，其相对顺序未有改变；不过，经过五年生态恢复，侵蚀等级中度以上的面积有所降低，但未恢复到震前水平（见表 4-2-2）。

表4-2-2　震前、震后、恢复期各土壤侵蚀等级面积

时间	面积/km²						
	微度	轻度	中度	强烈	极强烈	剧烈	中度及以上
震前	5 818.36	7 444.66	7 542.84	3 659.98	1 471.91	111.24	12 785.98
震后	6 064.23	7 754.94	7 843.25	3 868.95	1 591.3	114.46	13 417.97
恢复期	5 816.38	7 430.81	7 556.70	3 656.02	1 479.83	109.26	12 801.81

4.2.1.2　10个县市对比

（1）土壤侵蚀敏感性空间格局

汶川县、青川县在空间上位于10个极重灾县市的南北两端。地震前后的三个时期，2个县的土壤侵蚀模数均明显高于其他受灾县市。按侵蚀敏感性大小进行排序，在三个时期，各县市排序先后均未有改变（见图4-2-1）。

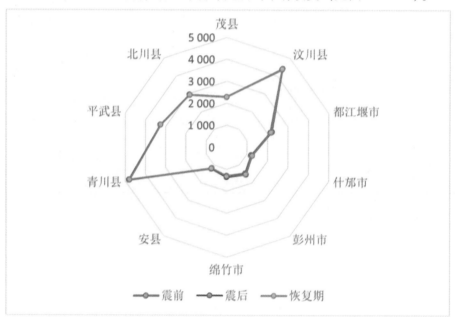

图4-2-1　三个时期土壤侵蚀模数

在10个县市范围内，对比地震前后三个时期，土壤侵蚀强度在空间上的分布格局总体上并没有发生大的改变（见图4-2-2）。土壤侵蚀强度存在南北两端较高，成都平原、彭州市、什邡市、绵竹市、安县、茂县境内相对较低的分布格局。水土保持功能空间分布格局总体与侵蚀强度的分布格局相似。

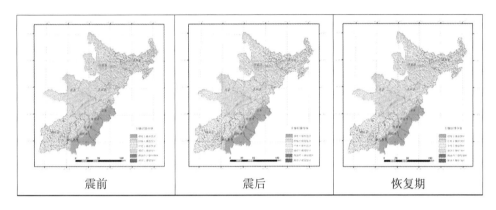

| 震前 | 震后 | 恢复期 |

图 4 - 2 - 2 土壤侵蚀分类分级

（2）不同时期水土保持功能变化

震后水土保持功能总体受损严重的有汶川县、都江堰市、什邡市、彭州市、绵竹市 5 个县市；总体受损较轻的是茂县、北川县、平武县、青川县、安县 5 个县市。总体受损严重的 5 个县市中，除什邡市有恶化趋势外，其余县市均恢复较快，但都未达到震前水平；总体受损较轻的 5 个县市恢复效果均较好，水土保持功能已优于或接近震前水平（见图 4 - 2 - 3）。

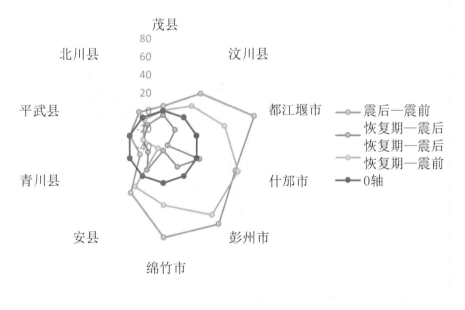

图 4 - 2 - 3 三个时期土壤侵蚀模数变化

对三个时期水土保持功能进行两两相减，分析水土保持功能下降幅度。结果表明：震前与震后比较（震前—震后），10个县市震后水土保持功能下降区域主要集中于汶川至青川一线，其中龙门山、茶坪山一带水土保持功能下降幅度大，空间分布较为集中；恢复期与震后比较（恢复期—震后），震后大部分区域受损的水土保持功能得到了一定程度的恢复，但汶川县、都江堰市、彭州市、什邡市、绵竹市、安县部分区域的水土保持功能甚至有一定程度恶化；恢复期与震前比较（恢复期—震前），龙门山、茶坪山一带受损的水土保持功能仍未完全恢复，普遍低于震前水平，青川县、平武县、茂县、汶川县境内卧龙自然保护区范围内部分区域水土保持功能甚至高于震前水平（见图4-2-4）。

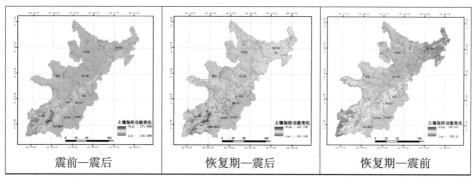

| 震前—震后 | 恢复期—震后 | 恢复期—震前 |

图4-2-4　三个时期水土保持能力分级变化

4.2.2　水源涵养功能变化

4.2.2.1　总体变化

（1）各时期林冠截留能力

汶川大地震前，10个县市平均林冠截留能力为83 694.89 t/hm²，震后下降为80 465.38 t/hm²。至2013年，林冠截留能力平均为81 687.2 t/hm²，较震后有所提高，但仍低于震前水平。这说明汶川大地震灾区水源涵养功能总体在进行恢复，但没有恢复到震前状态。

（2）林冠截留能力等级分析

对林冠截留能力5个等级所占面积进行统计，震前"中—高"面积总和为9 685.91 km²；震后"中—高"面积总和为9 464.84 km²，较震前减少了221.07 km²；恢复期"中—高"面积总和为9 496.31 km²，较震后增加了31.47 km²，但仍小于震前面积（见表4-2-3）。

表 4 - 2 - 3　林冠截留能力各等级面积

单位：km²

	低	较低	中	较高	高
震前	5 553.42	10 437.62	1 035.22	2 419.33	6 231.36
震后	5 931.61	10 351.66	1 177.41	2 663.5	5 623.93
恢复期	5 635.3	10 616.5	1 108.21	2 546.63	5 841.47

4.2.2.2　10个县市对比

（1）水源涵养能力空间格局

针对三个时期，统计各县市水源涵养能力"中—高"所占面积的总和：震后期，各县市均有所降低；经过五年恢复，恢复期面积总和有所增加，但各县市均没有恢复到震前水平。地震虽然对平武县平均林冠截留能力影响不大，但也导致水源涵养能力中等以上各等级的总面积降低。位于汶川大地震极重灾区中部以及南部的县市，林冠截留能力在地震中受损严重，震后五年来，除安县、彭州市水源涵养能力未有效恢复外，其余县市均有所恢复，其中北川县、茂县局部区域水源涵养能力有显著降低趋势（见图 4 - 2 - 5）。

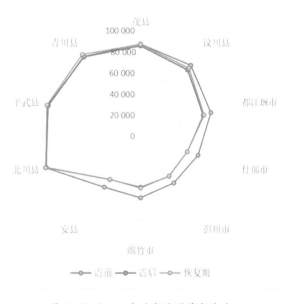

图 4 - 2 - 5　三个时期林冠截留能力

在 10 个县市范围内，对比地震前后三个时期，水源涵养重要性在空间上的分布格局总体上并没有发生大的改变（见图 4-2-6）。

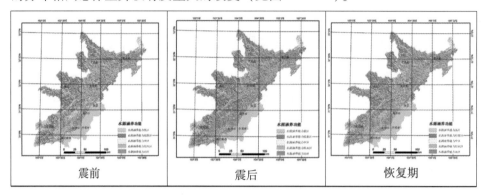

震前　　　　　　　　震后　　　　　　　　恢复期

图 4-2-6　水源涵养重要性分类

（2）不同时期林冠截留能力变化

平均林冠截留能力较高的县为北川县、平武县、青川县、茂县，4 个县位于汶川大地震极重灾区的北部，总体上受地震影响不大，受损较小；其余县市的平均林冠截留能力相对以上 4 个县较小，但地震中受损相对严重。截至 2013 年恢复期，10 个县市林冠截留能力总体上均有所恢复（见图 4-2-7）。

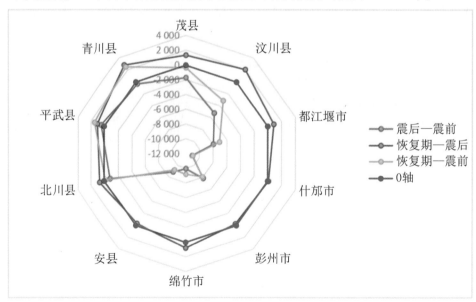

图 4-2-7　三个时期林冠截留能力变化

对三个时期水源涵养能力等级进行两两相减，分析水源涵养能力下降幅度。结果表明：震前与震后比较（震前—震后），10 个县市震后水源涵养能力等级下降区域主要集中于汶川至青川一线以及岷江河谷，其中龙门山一带水源涵养能力下降幅度大，空间分布较为集中；恢复期与震后比较（恢复期—震后），大部分区域在震后受损的水源涵养能力得到了一定程度的恢复，但汶川县、都江堰市、彭州市、什邡市、绵竹市、安县部分区域的水源涵养能力甚至有一定程度恶化；恢复期与震前比较（恢复期—震前），龙门山一带水源涵养能力仍普遍低于震前水平，平武县、茂县、汶川县境内卧龙自然保护区范围内部分区域水源涵养能力甚至高于震前水平（见图 4-2-8）。

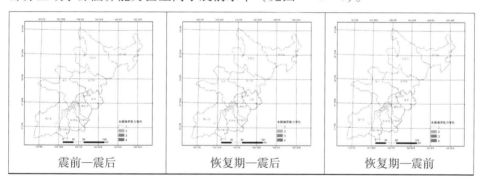

| 震前—震后 | 恢复期—震后 | 恢复期—震前 |

图 4-2-8 三个时期水源涵养能力分级变化

4.2.3 生物多样性维持功能变化

4.2.3.1 总体变化

对各时期分级为中等及以上的生境适宜性面积进行统计：震前为 19 915.78 km²，震后为 19 718.79 km²，较震前减少了 196.99 km²；恢复期为 9 496.31 km²，较震后增加了 31.47 km²，但仍小于震前面积（见表 4-2-4）。

表 4-2-4 生境适宜性等级

单位：km²

	低	较低	中	较高	高
震前	3 319.95	2 418.56	1 261.11	3 869.47	14 785.2
震后	3 541.43	2 488.95	1 765.07	4 370.74	13 582.98
恢复期	3 524.55	2 417.25	1 469.18	4 592.15	13 746.04

生境质量遭受破坏最严重的是生境适宜性高的区域，震后此类区域面积下

降了 1 236.68 km²。经过几年恢复，生境适宜性高的区域面积相比震后增加了
163.56 km²，但仍未恢复到震前水平。

4.2.3.2　10个县市对比

（1）生境适宜性空间分布格局

受人类活动影响，成都平原区、岷江河谷一线、成都—德阳—绵阳一线生
境质量较低；受海拔高度影响，成都市、德阳市与汶川县和茂县交界处生境质
量较低，其余区域生境质量较好。地震后，成都市、德阳市与汶川县和茂县交
界的龙门山一带及沿岷江河谷一线生境质量受损尤其严重。恢复期，区域生境
适宜性虽有所改善，但未达到震前水平，尤其是龙门山一带，仍有大片区域生
境质量未得到有效恢复（见图4-2-9）。

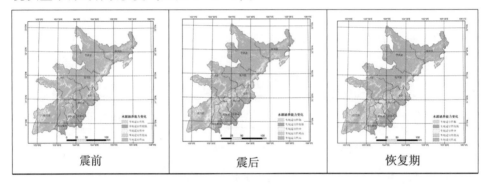

图4-2-9　生境质量分类分级

（2）不同时期生境适宜性变化

在三个时期，茂县、北川县、平武县、青川县 4 个县的生境质量皆高于另
外 6 个县市，地震中受损也较小。汶川大地震后，生境质量较低的 6 个县市
（汶川县、都江堰市、什邡市、彭州市、绵竹市、安县）生境质量均有明显下
降，生物多样性保护功能明显受到地震影响。至 2013 年恢复期，安县、彭州
市 2 个县市生境适宜性指数总体下降；平武县、青川县 2 个县生境质量总体上
升，且高于震前水平；茂县、汶川县、都江堰市、什邡市、绵竹市、北川县 6
个县市生境适宜性指数虽均有所上升，但都未达到震前水平（见图4-2-10）。

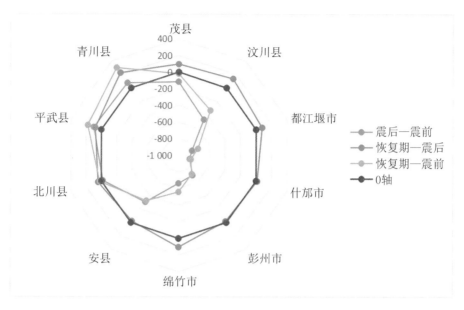

图 4 - 2 - 10　三个时期生境适宜性变化

　　对三个时期生境适宜性等级进行两两相减，分析生物多样性保护能力下降幅度。结果表明：震前与震后比较（震前—震后），10 个县市震后生境适宜性等级下降较大的区域主要集中分布在龙门山一带；恢复期与震后比较（恢复期—震后），大部分区域在震后受损的水源涵养能力得到了一定程度的恢复，但汶川县、都江堰市、彭州市、什邡市、绵竹市、安县境内部分区域（龙门山脉临近成都平原的地段）以及汶川卧龙自然保护区内部分区域的水源涵养能力甚至有一定程度恶化；恢复期与震前比较（恢复期—震前），龙门山一带水源涵养能力仍普遍低于震前水平，平武县、茂县、汶川县境内卧龙自然保护区范围内部分区域生境适宜性甚至高于震前水平（见图 4 - 2 - 11）。

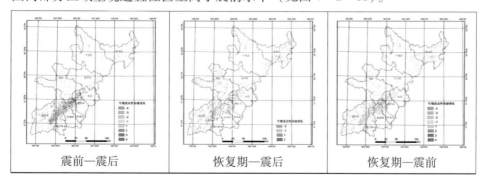

| 震前—震后 | 恢复期—震后 | 恢复期—震前 |

图 4 - 2 - 11　三个时期生境适宜性分级变化

4.3 结论及建议

4.3.1 讨论与结论

10个地震极重灾区的水土保持功能、水源涵养功能以及生物多样性保护功能在震后遭到了严重破坏。总体来说，经过五年恢复，区域生态服务功能得到了一定程度的恢复，但未达到震前水平。植被状况是影响生态系统服务水平的重要因素，汶川大地震造成了10个地震极重灾区严重的生态破坏[1][2]，导致植被覆盖度总体下降。震后五年，10个极重灾区植被覆盖度总体恢复到震前的98%，成为生态服务功能得以恢复的重要因素。

在极重灾区10个县市中，北部4个县（茂县、北川县、平武县、青川县）的水土保持功能、水源涵养功能、生物多样性保护功能在地震中总体受损程度相对中南部6个县市较小；位于中南部的6个县市（汶川县、都江堰市、什邡市、彭州市、绵竹市、安县）在地震中总体受损程度较大。中南部是地震后大型滑坡最为集中发育段，滑坡数量多且规模大，处于这个区域的红白—茶坪段，在地震中受损最为严重[3]。红白—茶坪段在地理位置上更靠近震中映秀，且处于北川—映秀断裂范围，可能是受地震影响生态服务功能受损严重的原因之一。生态服务功能受地震影响的程度，除与距震中的远近以及地震烈度有关，还与地形地貌、地质、坡度、海拔，甚至与河流、道路的距离等有关[4][5]。龙门山、茶坪山大部分区域为典型的高山峡谷地貌，东部迎风坡雨泽充沛，是四川著名的鹿头山暴雨区所在地；西部背风坡岷江河谷雨水稀少，气候干燥，但降雨集中，多局地性暴雨。上述条件使得该区域在震前就成为中国西部泥石

① 王文杰，潘英姿，徐卫华，等. 四川汶川大地震对生态系统破坏及其生态影响分析 [J]. 环境科学研究，2008，21（5）：110-116.

② 申国珍，谢宗强，冯朝阳，等. 汶川大地震对大熊猫栖息地的影响与恢复对策 [J]. 植物生态学报，2008，32（6）：1417-1425.

③ 许强，李为乐. 汶川大地震诱发大型滑坡分布规律研究 [J]. 工程地质学报，2010，18（6）：818-826.

④ 李岳东，方自力. "5·12"汶川大地震极重灾区生态破坏评估 [M]. 成都：四川科学技术出版社，2010：88-90.

⑤ 苏凤环，刘洪江，韩用顺. 汶川大地震山地灾害遥感快速提取及其分布特点分析 [J]. 遥感学报，2008，12（6）：956-963.

流、滑坡的活跃区①，可能也是该区域在震前水土保持功能、水源涵养功能、生物多样性功能就低于其他区域，是受地震影响受损更为严重的原因之一。

震后汶川大地震灾区因降雨诱发滑坡泥石流敏感性极高，只要经历较大的降雨条件都将导致滑坡泥石流活动②③。震后的暴雨过程诱发了群发性滑坡、泥石流灾害④⑤，导致区域的水土保持功能、水源涵养功能、生物多样性保护功能在恢复期进一步下降，甚至低于震前。其中汶川县草坡乡、银杏乡、耿达乡、卧龙镇、三江乡有较大范围的区域功能下降，另外，都江堰市、彭州市、什邡市、绵竹市、安县等也分别有较大面积的功能下降区（见表4-3-1）。相关研究表明，近十年内，汶川强震区的滑坡和泥石流活动趋势强烈。因此，北川县、安县、绵竹市、彭州市、什邡市一带，由于位于暴雨中心，其生态服务功能将有可能进一步恶化。

表4-3-1 生态服务功能未有效恢复的部分乡镇

恢复程度	县市	乡镇
有所恢复但未达震前水平	都江堰市	虹口乡
	彭州市	龙门山镇、小鱼洞镇
	什邡市	红白镇、蓥华镇
	绵竹市	金花镇、清平乡、天池乡
	安县	高川乡、睢水镇、茶坪乡、晓坝镇、桑枣镇
	北川县	擂鼓镇、曲山镇、陈家坝

① 崔鹏，韦方强，陈晓清，等．汶川大地震次生山地灾害及其减灾对策 [J]．科技赈灾，2008，23（4）：317-323.

② 唐川．汶川大地震区暴雨滑坡泥石流活动趋势预测 [J]．山地学报，2010，28（3）：341-349.

③ 张钰，陈晓清，游勇，等．汶川大地震后肖家沟泥石流活动特征与灾害防治 [J]．水土保持通报，2014，34（5）：284-289.

④ 谢洪，钟敦伦，矫震，等．2008年汶川大地震重灾区的泥石流 [J]．山地学报，2009，27（4）：501-509.

⑤ 余斌，马煜，张健楠，等．汶川大地震后四川省都江堰市龙池镇群发泥石流灾害 [J]．山地学报，2011，29（6）：738-746.

续表4－3－1

恢复程度	县市	乡镇
有所恢复但未达震前水平	平武县	南通镇、南坝镇、水观乡
	青川县	马公乡、石坝乡
	茂县	南新镇
	汶川县	草坡乡、耿达镇、卧龙镇
恢复期生态服务功能降低	青川县	木鱼镇、骑马乡、竹园镇
	安县	高川乡、睢水镇、沸水镇
	绵竹市	金花镇、清平乡、天池乡、九龙镇、遵道镇
	什邡市	红白镇、蓥华镇、冰川镇
	彭州市	龙门山镇、白鹿镇
	都江堰市	虹口乡、蒲阳镇
	汶川县	草坡乡、银杏乡、耿达镇、卧龙镇、三江乡、漩口镇、绵虒镇
	茂县	南新镇、凤仪镇、石大关乡

　　震后，国家和四川省启动了灾后重建，开展了交通、通信、能源、电力等基础设施建设，工业、旅游等产业建设，居民点的安置、城镇等人居环境建设，环境整治、土地复垦等生态修复工程建设，一定程度上改善了区域生态功能状况，加快了生态服务功能恢复进程，部分区域生态服务功能提高。但是，灾后重建以人居环境和基础设施建设为主，存在对生态系统修复以及生态功能的恢复与维持重视不足等问题。另外，部分灾后重建项目的实施，甚至又导致局部地区出现新的、进一步的生态功能退化。

4.3.2　中长期生态恢复建议

4.3.2.1　加强汶川大地震极重灾区中长期生态恢复监测、评估

　　极重灾区的生态恢复过程是漫长的，今后要加强极重灾区地质灾害易发区生态环境高分辨率遥感监测，对地质灾害发生点等重点地段和交通道路沿线、城镇周边等关键地段可配合遥感监测，进行地面调查，整合遥感监测和地面调查成果，进行生态功能恢复效应评估。

4.3.2.2　继续加强灾区水土保持建设

　　汶川县、茂县、北川县、都江堰市土壤侵蚀强度相对较高，震后未完全恢复且局部有恶化趋势，未来应加强干旱河谷区，北川—映秀断裂范围内与鹿头山暴雨区重叠区域重点地段、关键地段的生态修复。从生态效益、社会效益、经济效益等方面评估工程的恢复效益，为后续生态恢复工程实施提供经验。

5 震后十年生态系统恢复监测评估

　　汶川县、北川县、绵竹市、什邡市、青川县、茂县、绵阳市安州区、都江堰市、平武县、彭州市 10 个县市，总面积约 26 410 km²，是此次地震的极重灾区①，也是灾后恢复重建的重难点区域。由于地处龙门山断裂带上，地震时极重灾区受灾面积广大，基础设施损毁严重，震后地质灾害及次生灾害频发②，生态环境脆弱。

　　汶川大地震极重灾区垂直地带变化明显，生态系统类型多样，是四川省生物多样性最丰富的区域之一。该区域有全省 27.5% 的野生维管束植物物种数、全省 49.7% 的野生脊椎动物物种数、全省 31.1% 的国家重点保护野生植物物种数；全省 50.9% 的国家重点保护野生动物物种数；全省中国动植物特有种记录数的 30.1% 也分布在这一区域。同时，汶川大地震极重灾区内水系发达，是许多重要河流的发源地和上游区域。

　　由于极重灾区在生物多样性保护和长江上游生态屏障中的重要地位，不少

　　① 杨渺，谢强，方自力，刘孝富，廖蔚宇，王萍．"5·12"汶川大地震极重灾区生态服务功能恢复总体评估［J］.长江流域资源与环境，2016，25（4）：685－694.

　　② 谢洪，钟敦伦，矫震，等.2008 年汶川大地震重灾区的泥石流［J］.山地学报，2009，27（4）：501－509.

学者针对生态环境的受损程度①②及震后一段时间的生态恢复情况③④⑤，进行了相关研究。本书作者也参与了震后极重灾区植被和土壤调查评估工作⑥：地震五年后，从水土保持功能、水源涵养功能、生物多样性维持等生态服务功能恢复的角度，研究了极重灾区的恢复情况⑦，认为北川县、安县、绵竹市、彭州市、什邡市一带的生态系统服务功能有可能进一步恶化。震后十年，极重灾区生态是否恢复，对其适时进行评估，也是履行生物多样性保护行动计划和筑牢长江上游生态屏障的重要举措。朱捷缘等使用 InVEST 模型评估了生态系统服务功能，结合 VOR 模型，从生态系统健康程度⑧的角度，研究了极重灾区生态恢复状况。但限于生态系统分类、生态参数等宏观尺度数据的灵敏性，评价结果较为宏观。

受损生态系统恢复包括生态系统结构和功能的恢复。生态系统结构是生态系统物质循环和能量流动的基础。因此，生态系统结构恢复是生态系统服务功能恢复的基础。生态系统结构恢复主要体现在植被覆盖度、生物量和物种多样性的恢复。可以说，植被恢复是受损生态系统恢复的重要表观指标⑨。土壤和

① 余斌，马煜，张健楠，等. 汶川大地震后四川省都江堰市龙池镇群发泥石流灾害 [J]. 山地学报，2011，29（6）：738 - 746.

② 王文杰，潘英姿，徐卫华，等. 四川汶川大地震对生态系统破坏及其生态影响分析 [J]. 环境科学研究，2008，21（5）：110 - 116.

③ 张钰，陈晓清，游勇，等. 汶川大地震后肖家沟泥石流活动特征与灾害防治 [J]. 水土保持通报，2014，34（5）：284 - 289.

④ 廖峰，郑江坤，赵廷宁，等. 柏木次生林震后滑坡迹地物种多样性变化特征 [J]. 应用与环境生物学报，2018，24（6）：1404 - 1410.

⑤ 程婷婷，辜彬. "5·12" 汶川大地震中都江堰生态恢复 [J]. 四川大学学报（自然科学版），2019，56（3）：563 - 572.

⑥ 四川省环境保护厅生态处，四川省环境保护科学研究院. "5·12" 汶川大地震极重灾区生态破坏评估 [M]. 成都：四川科学技术出版社，2010.

⑦ 杨渺，谢强，方自力，刘孝富，廖蔚宇，王萍. "5·12" 汶川大地震极重灾区生态服务功能恢复总体评估 [J]. 长江流域资源与环境，2016，25（04）：685 - 694.

⑧ 朱捷缘，卢慧婷，王慧芳，等. 汶川大地震重灾区恢复期生态系统健康评价 [J]. 生态学报，2018，38（24）：9001 - 9011.

⑨ 孙丽文，史常青，赵廷宁，等. 汶川大地震滑坡治理区植被恢复效果研究 [J]. 中国水土保持科学，2015，13（5）：86 - 92.

植被互为环境因子①，土壤养分是影响植物群落组成和群落动态的关键因素，制约着生态系统的演替②。对土壤养分状况的分析，有助于加深对植被生长动态的理解。地震对滑坡体土壤有明显的破坏作用。滑坡迹地上土壤质地、有机质和矿质元素含量等表征土壤质量的指标总体呈现下降趋势③，必将影响植被的恢复进程。

从植被类型、群落结构和土壤养分等方面，对震后十年汶川大地震极重灾区生态恢复状况进行评估。评估结果对于政府决策者回顾生态修复成效，制定中长期生态恢复和生物多样性保护规划，科学管理灾区生态环境，具有极其重要的现实意义。

5.1 数据来源与分析统计

5.1.1 数据获取

5.1.1.1 土地覆盖解译及生态参数反演

获取 2007 年、2008 年、2017 年 Landsat TM 数据、高分辨率遥感影像（见图 5 - 1 - 1），基于人机交互解译方法，解译获得 2007 年、2008 年和 2017 年共 3 个时期土地覆盖数据。解译分类体系为一级 6 类（耕地、林地、草地、水域、城镇、其他），其他类型主要包括裸地、冰川及裸岩。数据空间分辨率 30 m。基于谷歌地球开展土地覆盖解译结果抽检，每种类型手动随机抽取 5 个点位，进行目视对比，判断解译精度。本次验证共比对了 90 个点位，比对后准确的点位合计 85 个，一级土地覆盖类型分类准确率为 94.4%；获取 2000—2017 年共 18 年的 MODIS 影像数据，影像空间分辨率为 250 m/500 m，时间分辨率为 8 d，通过数据预处理和空间滤波等操作，合成逐月植被参数产品。

① 仲波，孙庚，程魏，等．汶川大地震对森林土壤养分动态的影响［J］．应用与环境生物学报，2016，22（05）：773 - 779.

② Liwen S, Changqing S, Danxiong L, Tingning Z. Relationship between plant communities and environment after landslide of Wenchuan Earthquake [J]. Acta Ecol Sin, 2016, 36 (21): 1 - 9.

③ 吴聪，王金牛，卢涛，等．汶川大地震对龙门山地区山地土壤理化性质的影响［J］．应用与环境生物学报，2012，18（6）：911 - 916.

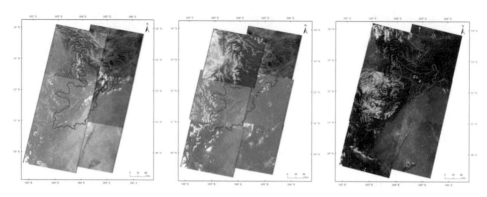

图5-1-1 汶川大地震极重灾区2007年、2008年、2017年遥感影像

5.1.1.2 样方调查与土壤监测

在每个极重县区选择了典型的受损点位和对照点位进行植被样方调查，记录现场环境状况及物种名录。样方调查点位同位进行土壤采样。每个点位随机取三个土样，充分混合后作为一个备测样品，由四川省农业科学院土壤肥料研究所进行土壤养分测定，点位情况见表5-1-1。测定的土壤营养元素包括土壤有机质、全量元素（全氮、全磷、全钾）和速效养分（速效氮、速效磷、速效钾）。

表5-1-1 植被样方及土壤采样点位

编号	经度	纬度	县市	位置	受损类型	震前状态	恢复方式
1	31.29	103.85	彭州市	谢家店	滑坡	河谷村庄	人工核桃林
2	31.31	103.87	彭州市	龙门山谢家店	对照	森林砍伐迹地	—
3	31.39	103.98	什邡市	九顶山自然保护区	滑坡	山体	自然恢复
4	31.39	103.98	什邡市	九顶山自然保护区	对照	人工林	—
5	31.37	104.08	绵竹市	玄郎沟	滑坡	山体	自然封育
6	31.37	104.09	绵竹市	玄郎沟	对照	林地	—
7	31.50	104.23	绵阳市安州区	睢水海绵礁保护区	崩塌滑坡	山体	人工柳杉、人工种草、自然恢复
8	31.50	104.23	绵阳市安州区	睢水海绵礁保护区	对照	山体	—

续表5-1-1

编号	经度	纬度	县市	位置	受损类型	震前状态	恢复方式
9	31.84	104.43	北川县	唐家山堰塞湖	滑坡、堰塞湖	山体、河流	自然恢复
10	31.84	104.43	北川县	唐家山堰塞湖	对照	林地	—
11	32.18	104.82	平武县	南坝镇羊龙岩	滑坡	坡耕地	自然恢复
12	32.18	104.82	平武县	南坝镇羊龙岩	对照	山坡	—
13	32.41	105.12	青川县	东河口	滑坡	耕地	人工复垦、自然
14	32.41	105.12	青川县	东河口	对照	林地	—
15	31.56	103.72	茂县	凤毛坪村（羊毛坪）	滑坡	园地	自然恢复
16	31.56	103.72	茂县	凤毛坪村（羊毛坪）	对照	园地	—
17			茂县	大沟	破坏	人工林	自然恢复
18			茂县	大沟	对照	松林	—
19	31.48	103.60	汶川县	姜维城秉里村	滑坡	山体	自然恢复
20	31.48	103.60	汶川县	姜维城秉里村	对照	山体	—
21	31.10	103.56	都江堰市	龙池景区	滑坡、泥石流	山体	自然恢复
22	31.10	103.56	都江堰市	龙池景区	对照	山体	—

注：震后样点基本情况参见参考文献①。

5.1.2　数据分析

5.1.2.1　生态参数统计分析

分类统计各植被类型的面积、比例。基于2000—2017年共18年的GPP、LAI逐月植被参数，通过月值累积及最大值合成，生成逐年GPP、LAI数据。采用一元线性回归方法定量分析2000—2008年（2008年5月前，震前）、2008—2017年（2008年6月后，震后）和2000—2017年三个时间段GPP、LAI植被参数的年际变化程度。计算公式如下所示：

---

① 四川省环境保护厅生态处．四川省环境保护科学研究院．"5·12"汶川大地震极重灾区生态破坏评估 [M]．成都：四川科学技术出版社，2010.

$$S = \frac{\sum\limits_{i=1}^{n} m_i X_i - \frac{1}{n} \cdot \sum\limits_{i=1}^{n} m_i \cdot \sum\limits_{i=1}^{n} X_i}{\sum\limits_{i=1}^{n} m_i^2 - \frac{1}{n} \cdot \left(\sum\limits_{i=1}^{n} m_i\right)^2}$$

式中，X_i 表示第 i 年的植被参数值，$i = 1$，2，3，…，n；m_i 表示年份序列，$m_1 = 1$，$m_2 = 2$，$m_3 = 3$，…，$m_n = n$。

5.1.2.2 土壤参数分析

对研究区内（极重灾区10个县市）各采样点3年的土壤养分数据，按表5-1-2进行组织。利用 Matlab 2018 主成分分析[①]，分别计算全量元素（全氮、全磷、全钾）和速效养分（速效氮、速效磷、速效钾）综合主成分得分。根据综合得分对比分析对受损点和对照点的全量元素、速效养分在时间上的变化趋势和各市县之间的空间差异。

表5-1-2　土壤营养元素测定表

县市	类型	年份	有机质	全氮	全磷	全钾	速效氮	速效磷	速效钾
汶川县	受损	2011	4.95	0.259	0.101	1.95	175	1.9	93
汶川县	受损	2012	6.57	0.328	0.068	1.71	246	1	86
汶川县	受损	2018	1.3	0.103	0.065	1.48	54	6.8	91
汶川县	对照	2011	0.99	0.053	0.045	1.79	27	2.1	33
汶川县	对照	2012	1.57	0.095	0.052	1.72	58	1.5	72
汶川县	对照	2018	5.96	0.272	0.069	1.645	123	4.3	91
……	……	……		……	……	……	……	……	……

在计算之前，对表5-1-2每种土壤营养元素值分别进行正向归一化处理。计算公式如下所示：

$$X^* = \frac{X - \min}{\max - \min}$$

式中，X 表示观测值，$\min$ 表示观测值的最小值，$\max$ 表示观测值的最大值，X^* 表示标准化后的值。

---

① 谢中华. Matlab 统计分析与应用：40个案例分析（第2版）[M]. 北京：北京航空航天大学出版社，2010.

5.1.2.3 样方数据分析

采用 Excel 2010 分别统计受损和对照样方内物种的科属信息，分析植被演替趋势。

5.2 生态系统构成及其变化

5.2.1 生态系统类型构成

在所解译的森林、草地、湿地、农田、城镇和其他（冰川、裸地等）6 种生态系统类型中，面积最大的生态系统类型是森林，其次是农田。根据解译结果，地震前后（2007 年、2008 年、2017 年）森林所占比例都在 70% 以上，农田所占比例都在 14% 以上。森林和草地主要分布在西部山丘区；农田主要分布在东部平原地带，城镇也主要分布在平原区域（见图 5 - 2 - 1）。

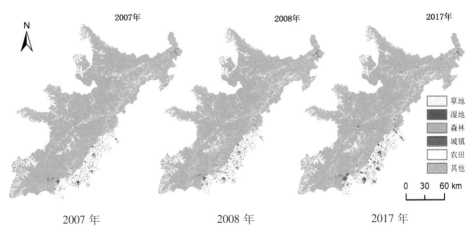

图 5 - 2 - 1 汶川大地震极重灾区 2007 年、2008 年、2017 年生态系统类型图

5.2.2 生态系统类型之间的转换

经过自然和人工辅助恢复，各类生态系统类型都发生了较大变化。震后，2008—2017 年间，极重灾区森林生态系统、草地生态系统、湿地生态系统等自然生态系统转出量总体较小。在自然生态系统转出面积中，草地生态系统有 48% 转入森林生态系统，森林、湿地生态系统分别有 60%、86% 转入城镇生态系统。代表受损生态系统的裸地大面积转入森林生态系统、草地生态系统和农田生态系统，其中转入森林生态系统 52.29 km²，转入草地生态系统 59.75 km²，转入农田生态系统 12.69 km²。

以城镇为代表的人工生态系统的面积增加较快，主要来自农田生态系统的转入，十年间，有114.98 km^{2}农田转入城镇（见表5-2-1）。

表5-2-1　2008—2017年汶川大地震极重灾区生态系统类型转移矩阵

单位：km^2

	生态系统类型	2017年					
		森林	草地	湿地	农田	城镇	其他
2008年	森林	18 413.63	0.07	0.42	9.3	15.81	1.18
	草地	1.15	2 118.09	0.05	0.04	1.1	0.05
	湿地	0.08	0.01	203.73	0.09	2.08	0.14
	农田	1.54	0.01	1.35	3 727.11	114.91	0.43
	城镇	0.06	0	0.19	0.66	262.17	0.03
	其他	52.29	59.75	1.68	12.69	3.17	1 058.03

显示自然生态系统在此期间未有大的损坏，且裸地以自然或人工的方式得到了一定恢复。快速城镇化不仅侵占了自然生态系统，也威胁到农田生态系统的保护。

5.2.3　生态系统类型时间变化

极重灾区森林生态系统面积占整个生态系统面积比重最大，震后十年间面积变化不明显；草地生态系统面积占整个生态系统面积比例排第三位，且2007年、2008年、2017年十年间面积在持续增加；湿地生态系统面积占整个生态系统面积比重较轻，十年来面积有少量的增加；农田生态系统面积占整个生态系统面积比例排第二位，但十年来面积在持续减少；城镇生态系统2007—2017年面积一直在增加；冰川、裸地等其他生态系统类型2008年面积最大，2007—2008年面积增加了1.1 km^2，2008年之后面积开始下降（见表5-2-2）。

表5-2-2　汶川大地震极重灾区不同生态系统类型面积统计表

生态系统类型	2007年		2008年		2017年	
	面积/km^2	比例/%	面积/km^2	比例/%	面积/km^2	比例/%
森林	18 743.92	71.92	18 440.41	70.75	18 468.75	70.86
草地	2 051.35	7.87	2 120.48	8.14	2 177.93	8.83
湿地	156.54	0.6	206.13	0.79	207.42	0.8

续表5-2-2

生态系统 类型	2007 年		2008 年		2017 年	
	面积/km²	比例/%	面积/km²	比例/%	面积/km²	比例/%
农田	3 968.55	15.23	3 845.35	14.75	3 749.9	14.39
城镇	240.99	0.92	263.12	1.01	399.24	1.53
其他	901.77	3.46	1 187.63	4.56	1 059.87	4.07

5.2.4　生态系统类型空间变化

从空间上看，龙门山一带植被恢复普遍较好，可能与位于华西雨屏区、降水条件较好有关。植被集中恢复较好的区域主要位于汶川县映秀镇、银杏乡，以及映秀镇、耿达镇交界处，彭州市、什邡市和茂县三县交界处。2008—2017年，茂县境内位于岷江上游的洼底乡、白溪乡、回龙乡、三龙乡 4 个乡镇。沿岷江河谷植被状况有了较大提升。部分裸地经土地整理成为农田，与实地调查结果相符（见图5-2-2）。

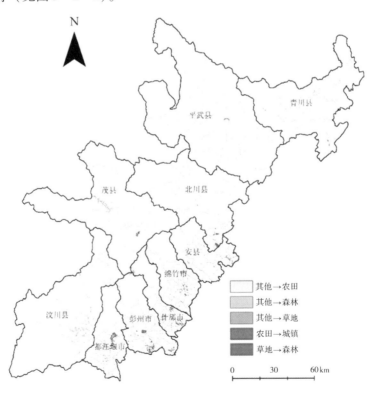

图 5-2-2　汶川大地震极重灾区 2008—2017 年植被恢复及城镇变化

2008—2017 年，区域内城镇面积增加了 136.12 km^2，增加比例达到 51.74%。增加的城镇面积主要来自农田，从地理位置分布来看，增加的城镇主要分布在东南部平原区都江堰—安县—北川一线的平原区域，即成德绵城市群。

2007—2017 年期间，极重灾区生态系统类型恢复成效明显，生态系统总体趋于稳定向好的恢复态势，其中龙门山一带生态系统类型恢复普遍较好，可能与位于华西雨屏区、降水条件好有关，茂县黑水河沿岸则因采用了人工措施，生态系统也得到较好恢复。极重灾区生态系统类型集中恢复较好的区域主要位于汶川县映秀镇、银杏乡，以及映秀镇、耿达镇交界处，彭州市、什邡市和茂县三县交界处。

5.3 生态系统质量变化特征

5.3.1 总初级生产力时空特征

5.3.1.1 总初级生产力空间特征

基于汶川大地震极重灾区的 GPP 数据，得出 2017 年汶川大地震极重灾区总体 GPP 值较高，年总初级生产力多在 2 000 kg·C 以上。从空间分布看，汶川大地震极重灾区北部多为山地，植被茂密，绿色植物通过光合作用所固定的有机碳总量较大；西南部和中部部分地区多为山顶积雪区，植被稀少，GPP 总值较小；东南部多为耕地和城镇建设用地，农田生态系统年 GPP 总值基本在 1 500~2 500 kg·C 之间，城镇生态系统镶嵌在农田生态系统中 GPP 值极低。总初级生产力在汶川大地震极重灾区总体呈现北高南低的空间分布状况。

统计汶川大地震极重灾区 10 个县市年 GPP 值在县市内的平均值，结果显示，北川县、青川县、平武县 3 县绿色植被固碳量较高，年 GPP 值在县域的平均值均高于 2 800 kg·C；茂县、绵竹市、彭州市、都江堰市、安州区年 GPP 值在 5 个市县的平均值在 2 000~2 500 kg·C 之间；汶川县和什邡市年 GPP 值较低，均小于 2 000 kg·C。其中，固碳能力最高的为青川县，年 GPP 值为 3 113.39 kg·C，固碳能力最低的为什邡市，年 GPP 值为 1 859.42 kg·C（见图 5-3-1 和图 5-3-2）。

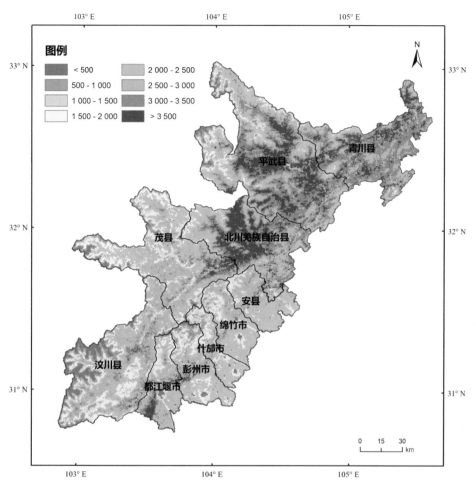

图 5-3-1 汶川大地震极重灾区 2017 年 GPP 值空间分布图

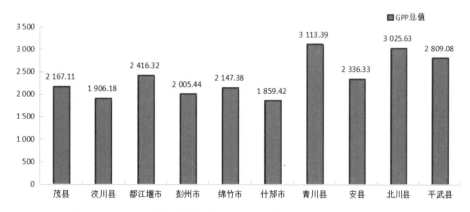

图 5-3-2 汶川大地震极重灾区 10 县市年 GPP 值统计柱状图

5.3.1.2　总初级生产力时间变化

获取 2000—2017 年汶川大地震极重灾区近 20 年的年总初级生产力数据，得到每年年 GPP 值的空间分布图（见图 5-3-3）。

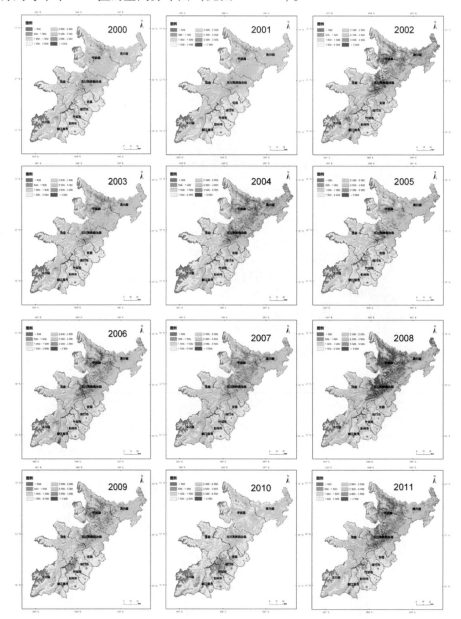

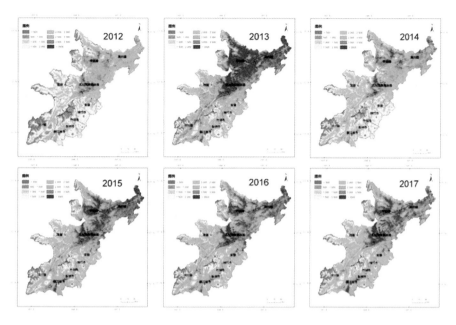

图 5 - 3 - 3 汶川大地震极重灾区 2000—2017 年 GPP 空间分布图

基于 2000—2017 年近 20 年的 GPP 数据，分别计算 2000—2008 年、2008—2017 年和 2000—2017 年汶川大地震极重灾区 GPP 的斜率，即计算绿色植被固碳能力增强或减弱的幅度。从空间分布来看，年 GPP 值斜率小于 0 的区域在 2000—2008 年间分布区域远多于 2008—2017 年（见图 5 - 3 - 4）。2000—2008 年年 GPP 值斜率小于 0 的区域主要分布在地震极重灾区西南部的汶川县，以及都江堰市、彭州市、绵竹市、什邡县（现什邡市）、安县西北部地区；年 GPP 值斜率大于 0 的区域主要分布在地震极重灾区的北部和西部临近平原的山地区域。2008—2017 年年 GPP 值斜率小于 0 的区域极少，零散分布于地震极重灾区的北部和西南部地区；区域内年 GPP 值斜率基本上大于 0，植被状况变好，固碳能力整体增强，特别是汶川县东北部和都江堰市、彭州市、绵竹市、什邡县、安县的西北部地区，植被状况明显变好。

从 2000—2017 年近 20 年的年 GPP 斜率值空间分布来看，大部分区域年 GPP 斜率值在 0～50 之间，植被状况变好（见图 5 - 3 - 5）。斜率小于 0 的区域主要分布在汶川县的东北部和绵竹市、什邡县、彭州市、都江堰市、安县的西北部地区，植被状况变差。斜率大于 0 的区域分布较广泛，斜率在 0～50 的区域最大，广泛分布于地震极重灾区的北部、西部、东南和西南等地区；斜率大

于 50 的区域主要分布在地震极重灾区的东北部和绵竹市、什邡县、彭州市、
都江堰市中部与平原接壤山地地区。

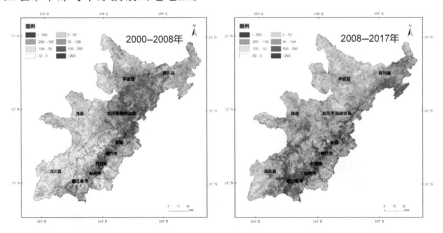

图 5 - 3 - 4　汶川大地震极重灾区 GPP 值斜率空间分布图

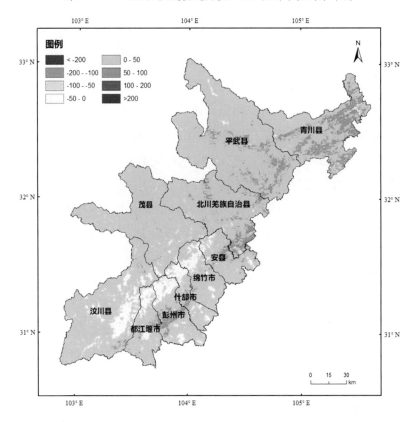

图 5 - 3 - 5　汶川大地震极重灾区 2000—2017 年年 GPP 值斜率空间分布图

统计地震极重灾区 2000—2017 年年 GPP 值在区域内的均值，统计结果显示，GPP 值总体上呈增加趋势，跟求得的 GPP 斜率变化一致。2008—2014 年 GPP 值波动较大，这个时段刚发生地震，植被破坏较严重，年 GPP 均值较低，2008 年计算的为整年的 GPP 总值，即震前和震后，所以 GPP 值相对之后较高。2000—2008 年和 2008—2017 年年 GPP 值整体均呈增加趋势，2000—2008 年增加趋势较小，2008—2017 年年 GPP 值变化相对剧烈，增加趋势相比 2000—2008 年较大（见图 5 - 3 - 6）。

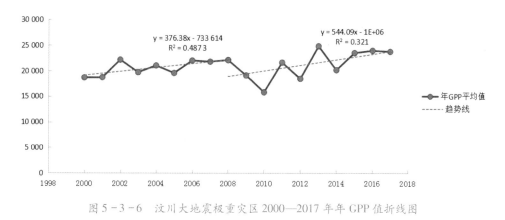

图 5 - 3 - 6　汶川大地震极重灾区 2000—2017 年年 GPP 值折线图

分别统计 2000—2008 年、2008—2017 年和 2000—2017 年三个阶段汶川大地震极重灾区 10 个县市内年 GPP 斜率均值，统计结果显示，三个阶段每个县市的斜率均值均是正数，说明区域内植被总体上呈增加趋势，不同县市斜率均值有明显差异。2000—2008 年，汶川县斜率值最小，为 16.18，植被增加最不明显；茂县、都江堰市、彭州市、什邡市、绵竹市斜率值相对较小，在 20 ~ 33 之间，植被固碳能力有略微增加；青川县、安县、北川县、平武县斜率较大，在 46 ~ 63 之间，植被固碳能力增加最明显。2008—2017 年 10 个县市斜率均较大，在 24 ~ 72 之间，植被固碳能力增加明显。其中，汶川县、都江堰市、彭州市、绵竹市、什邡市均比 2000—2008 年斜率大，且相差极大，植被增加较多；青川县、安县比 2000—2008 年斜率稍大；茂县、北川县、平武县则比 2000—2008 年斜率小；平武县与 2000—2008 年相比，斜率均值相差较大，植被变好程度远小于 2000—2008 年。2000—2017 年各县市斜率值均小于

2000—2008年和2008—2017年，在9～40之间。总体来看，汶川县、都江堰市、彭州市、绵竹市、什邡市、安县、平武县植被变化波动较大，茂县、青川县、北川县植被变化程度相对较小（见图5-3-7）。

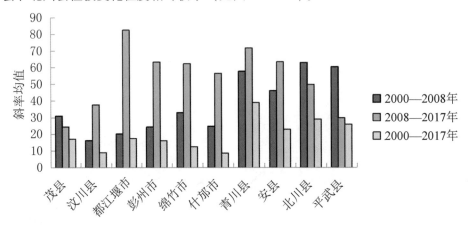

图5-3-7　汶川大地震极重灾区2000—2008年、2008—2017年和2000—2017年
年GPP斜率均值统计柱状图

5.3.2　叶面积指数时空特征

5.3.2.1　叶面积指数空间特征

基于汶川大地震极重灾区的LAI数据，得出2017年汶川大地震极重灾区总体LAI值较高，叶面积指数多高于7。从空间分布看，汶川大地震极重灾区北部多为山地，植被茂密，单位土地面积上植物叶片总面积较大；西南部和中部部分地区多为山顶积雪区，植被稀少，LAI值较小；东南部多为耕地和城镇建设用地，植被叶面积指数也相对较小。叶面积指数在汶川大地震极重灾区总体呈现北高南低空间分布状况（见图5-3-8）。

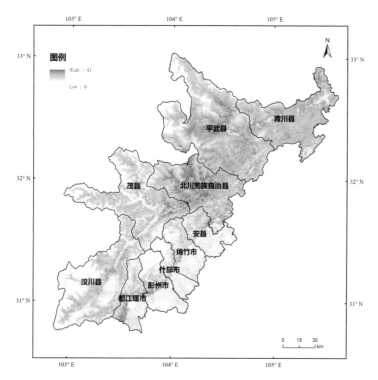

图 5-3-8 汶川大地震极重灾区 2017 年 LAI 值空间分布图

统计汶川大地震极重灾区 10 个县市 LAI 值在区县内的平均值，结果显示，北川县、青川县、平武县 3 县植被较茂密，LAI 平均值均高于 15.5；茂县、绵竹市、汶川县、都江堰市、安县 LAI 平均值在 10～12.5 之间；彭州市和什邡市植被指数最低，均小于 9。其中，植被茂密程度最高的为北川县，植被指数为 17.49；植被茂密程度最低的为什邡市，植被指数为 7.55（见图 5-3-9）。

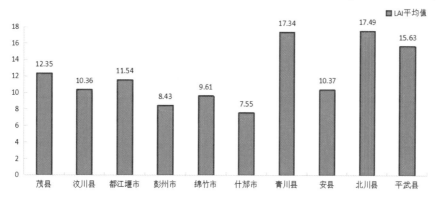

图 5-3-9 汶川大地震极重灾区 10 县市 LAI 值统计柱状图

5.3.2.2　叶面积指数时间变化

获取 2000—2017 年汶川大地震极重灾区近 20 年的叶面积指数数据，得到每年叶面积指数的空间分布图（见图 5 - 3 - 10）。

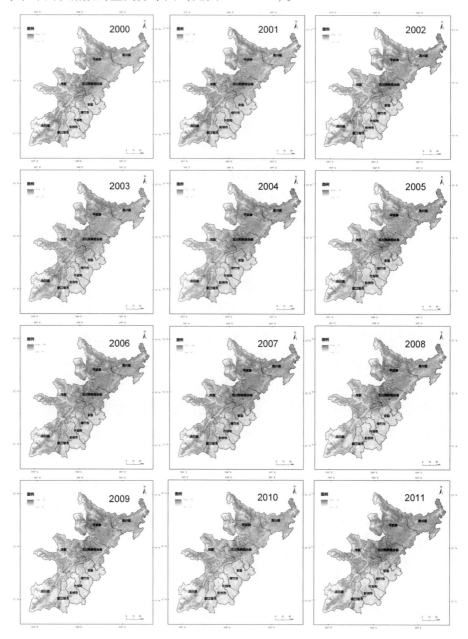

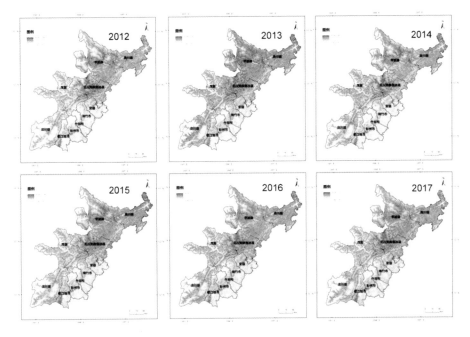

图 5-3-10　汶川大地震极重灾区 2000—2017 年 LAI 值空间分布图

基于 2000—2017 年近 20 年的 LAI 数据，分别计算 2000—2008 年、2008—2017 和 2000—2017 年汶川大地震极重灾区 LAI 的斜率，即计算单位土地面积上植物叶片总面积占土地面积的倍数增加或减少的幅度。从空间分布来看，LAI 值斜率小于 0 的区域在 2000—2008 年间分布区域远多于 2008—2017 年。2000—2008 年 LAI 值斜率小于 0 的区域主要分布在地震极重灾区西南部的汶川县，以及都江堰市、彭州市、绵竹市、什邡县、安县西北部地区；LAI 值斜率大于 0 的区域广泛分布于整个区域，在北部区域和西部临近平原的山地区域 LAI 值较大。2008—2017 年 LAI 值斜率小于 0 的区域极少，零散分布于地震极重灾区的中部和西北部地区；区域内 LAI 值斜率基本上大于 0，植被状况变好，植被叶面积增加明显，特别是汶川县东北部和都江堰市、彭州市、绵竹市、什邡县、安县的西北部地区，植被状况明显变好（见图 5-3-11）。

从 2000—2017 年近 20 年的 LAI 斜率值空间分布来看，大部分区域 LAI 斜率值在 0～50 之间，植被状况变好。斜率小于 0 的区域主要分布在汶川县的东北部和绵竹市、什邡县、彭州市、都江堰市、安县的西北部地区，植被状况变差。斜率大于 0 的区域分布较广泛，斜率在 0～50 的区域最大，广泛分布于地震极重灾区的北部、西部、东南和西南等地区；斜率大于 50 的区域主要分布在地震极重灾区的东北部和绵竹市、什邡县、彭州市、都江堰市中部与平原接壤山地地区（见图5-3-12）。

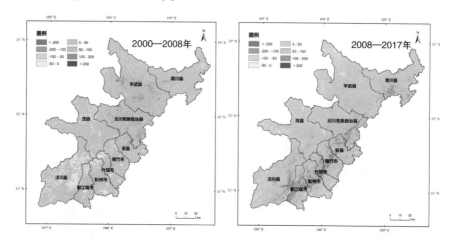

图5-3-11　汶川大地震极重灾区LAI值斜率空间分布图

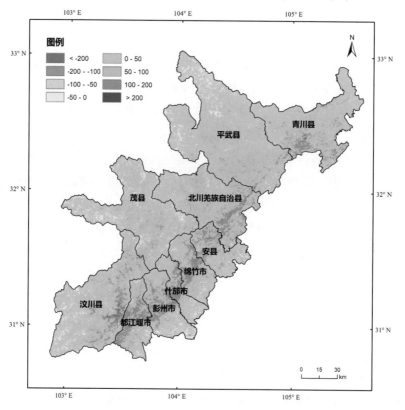

图5-3-12　汶川大地震极重灾区2000—2017年LAI值斜率空间分布图

统计地震极重灾区 2000—2017 年 LAI 值在区域内每年的最大值，LAI 值总体上呈增加趋势，与斜率变化基本一致。2008—2015 年 LAI 值波动较大，这个时段刚发生地震，植被破坏较严重。2000—2008 年和 2008—2017 年 LAI 平均值整体均呈增加趋势，2000—2008 年增加趋势较小，2008—2017 年 LAI 值变化相对剧烈，增加趋势相比 2000—2008 年较大（见图 5-3-13）。

图 5-3-13　汶川大地震极重灾区 2000—2017 年 LAI 值折线图

分别统计 2000—2008 年、2008—2017 年和 2000—2017 年三个阶段汶川大地震极重灾区 10 县市内 LAI 斜率均值，三个阶段每个县市的斜率均值均是正数，说明区域内植被总体上呈增加趋势，不同县市斜率均值有明显差异。2000—2008 年，汶川县斜率值最小，为 5.81，植被增加最不明显；茂县、都江堰市、彭州市、什邡市、绵竹市斜率值相对较小，在 5～23 之间，植被茂密程度有略微增加；青川县、安县、北川县、平武县斜率较大，在 30～54 之间，植被茂密程度增加最明显。2008—2017 年，茂县、汶川县、什邡市、平武县斜率相对较小，在 14～27 之间，植被茂密程度略有增加；都江堰市、彭州市、绵竹市、什邡市、青川县、安县斜率值相对较大，在 30～55 之间，植被增加较明显。2000—2017 年，除平武县外，其他县市斜率值均小于 2000—2008 年和 2008—2017 年，斜率值在 3～32 之间。总体来看，除茂县外，其他县市植被状况波动值均较大，茂县波动相对较小（见图 5-3-14）。

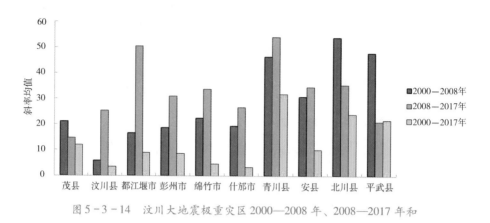

图 5 - 3 - 14　汶川大地震极重灾区 2000—2008 年、2008—2017 年和
2000—2017 年 LAI 斜率均值统计柱状图

5.4　典型区域植被现状野外调查

5.4.1　植物样方调查结果

5.4.1.1　汶川县

汶川县在地震中形成泥石流、崩塌、滑坡等地质灾害 430.29 km²，占县域面积的 10.54%。本次调查点选择在威州镇姜维城一带，属干旱河谷地区。

样地 1　威州镇姜维城（见图 5 - 4 - 1）

灾害类型：山体崩塌、滑坡，大量表层土脱落。

周边植被概况：干旱河谷气候，气候炎热干燥、地面裸露、植株矮小、多毛、匍匐、叶小、多刺、肉质，平均株高 30 cm，最高 50 cm，最低 15 cm。附近植被主要为铁杆蒿 - 杭子梢灌丛。植被盖度 20%。

2009 年植被恢复概况：由于表层土脱落，水湿条件极差，植被无法生存，滑坡体上几乎没有植物生长。

2018 年植被恢复现状：除部分坡度极大、坡面不稳定、易被雨水冲刷的区域外，已基本有植被覆盖，以灌木和草本植物为主。植被可分为以下 3 个群系：

（1）四川黄栌 - 杭子梢灌丛（Form. *Cotinus szechuanensis*、*Campylotropis macrocarpa*）

该群落在滑坡样地内广泛分布，群落灌木层以四川黄栌（*Cotinus szechua-nensis*）和杭子梢（*Campylotropis macrocarpa*）为优势物种，盖度 50% 左右，高度 1~2 m，其他常见灌木还有枸子（*Cotoneaster horizontalis*）、悬钩子（*Rubus* spp.）、小檗（*Berberis spp.*）、马桑（*Coriaria nepalensis*）等；草本层盖度40%左右，以川甘亚菊（*Ajania potaninii*）和芒（*Miscanthus sinensis*）为优势种，其他常见种还有铁杆蒿（*Artemisia sacrorum*）、小叶荩草（*Arthraxon lancifolius*）、千里光（*Senecio spp.*）、一年蓬（*Erigeron annuus*）、紫菀（*Aster spp.*）等。

（2）悬钩子－川甘亚菊灌草丛（Form. *Rubus spp.*，*Ajania potaninii*）

该群落在滑坡样地内广泛分布，群落灌木层以悬钩子属植物为优势种，盖度30%左右，高1~2 m，其他常见灌木有四川黄栌、杭子梢、大叶醉鱼草（*Buddleja davidii*）等。草本层总盖度40%左右，以川甘亚菊为绝对优势种，盖度达35%左右，其他常见种类还有芦苇（*Phragmites australis*）、千里光、野茼蒿（*Crassocephalum crepidioides*）。

（3）芦苇灌草丛（*Form. Phragmites australis*）

芦苇一般生于江河湖泽、池塘沟渠沿岸和低湿地，在干旱河谷地区较少见。芦苇在各种有水源的空旷地带常以其迅速扩展的繁殖能力，形成连片的芦苇群落。本次调查在滑坡迹地西北坡面发现有较大面积的分布，但由于区域内水热条件较差，其长势相对较差。群落总盖度达80%以上，芦苇为绝对优势种，植株高1~2 m，其他常见植物还有川甘亚菊、铁杆蒿等。

图5-4-1　汶川县威州镇姜维城滑坡迹地

A、B. 四川黄栌－杭子梢灌丛；C. 悬钩子－川甘亚菊灌草丛；D. 芦苇灌草丛

（E 103°36′07″、N 31°28′30″附近，海拔1 450~1 500 m）

5.4.1.2 茂县

茂县的东北部和东南部靠近龙门山地震带，在地震中形成泥石流、崩塌、滑坡等地质灾害 40.21 km²，占区域面积的 1.04%。茂县自然景观可分为两种类型，一类为川西高山峡谷区，一类为干旱河谷区，两类地貌的景观、植被、地质构造截然不同。本次调查在凤仪镇大沟的高山峡谷区和南新镇羊毛坪的干旱河谷区各布设了一个滑坡体植被调查样地。

样地 2　南新镇羊毛坪（见图 5-4-2）

灾害类型：滑坡，表土剥落。

周边植被概况：该样地所在区域土壤盐碱化严重，分布的植物物种也明显特化，大部分灌木都有特化的叶刺，革质叶；草本植物稀少，盖度很小。植被总盖度约 45%，灌木层高 1~1.5 m，以小檗（*Berberis* spp.）、蔷薇（*Rosa* spp.）、高山柳（*Salix* spp.）等常见；草本层以狗尾草（*Setaria viridis*）、牛尾蒿（*Artemisia dubia*）、青蒿（*Artemisia carvifolia*）、紫花地丁（*Viola philippica*）、香薷（*Elsholtzia ciliata*）、早熟禾（*Poa* spp.）、婆婆纳（*Veronica didyma*）、小叶茜草（*Rubia rezniczenkoana*）、碎米荠（*Cardamine hirsuta*）、蒲公英（*Taraxacum mongolicum*）等常见。

2009 年植被恢复概况：本区域受到地震的破坏极大，岩石裸露，多数地段原有植被荡然无存，仅少量垮塌部位的间隙中原有植被得以保留。大量滑坡造成表层土脱落，同时由于此样地位于茂县与汶川县接壤的干旱河谷区域，河谷的蒸发量远远高于降雨量，更导致当地生态环境脆弱，植被恢复极为困难。

2018 年植被恢复现状：该样地植被与汶川县的样地极为相似，均以干旱河谷灌丛为主。除部分坡度极大、坡面不稳定的区域外，已基本有植被覆盖，以灌木和草本植物为主。植被可分为以下 4 个群系：

（1）四川黄栌灌丛（Form. *Cotinus szechuanensis*）

该群落在滑坡迹地分布广泛，灌木层以四川黄栌为绝对优势物种，盖度 40% 左右，高度 1~2 m，其他常见灌木还有杭子梢、皱叶醉鱼草（*Buddleja crispa*）、柳（*Salix* spp.）、火棘（*Pyracantha fortuneana*）等；草本层盖度 40% 左右，以芦苇和川甘亚菊为优势种，其他常见种还有千里光、紫菀、芒等。

（2）芦苇灌草丛（Form. Phragmites australis）

芦苇灌草丛在该滑坡迹地分布面积大、范围广，芦苇为建群种，盖度 60% 左右，但由于地处干旱河谷地带，其长势极差，多数区域植株高度均不足 1m，最高不超过 2 m。群落中植物种类稀少，以川甘亚菊、莸（*Caryopteris* spp.）等常见。

（3）川甘亚菊、莸草丛（Form. *Ajania potaninii*，*Caryopteris* spp.）

该草丛在滑坡迹地零星分布，局部地段也有较大片分布。群落植物种类稀少，以川甘亚菊和莸为优势物种，盖度可达 60% 左右，其他常见种类有芦苇、千里光、紫菀等。

（4）火棘灌草丛（Form. *Pyracantha fortuneana*）

火棘灌草丛在滑坡迹地零星分布，群落以火棘为优势种，盖度 40% 左右，高 1～2.5 m，其他常见灌木种类还有皱叶醉鱼草、四川黄栌等；草本层以芦苇幼小植株为主，盖度 40% 左右。

图 5-4-2　茂县南新镇羊毛坪滑坡迹地

A. 2009 年滑坡迹地植被状况；B. 2018 年滑坡迹地植被现状；C. 四川黄栌灌丛悬钩子；

D. 芦苇灌草丛；E. 川甘亚菊、莸灌草丛；F. 火棘灌草丛

（E 103°42′59″、N 31°33′49″附近，海拔 1 500～1 800 m）

样地3　凤仪镇大沟（见图5－4－3）

灾害类型：滑坡，表土剥落。

周边植被概况：大沟沟口内植被茂盛，主要为人工高山松林和次生落叶阔叶林，样方内分布的乔木主要有高山松、亮叶桦、青冈、木姜子、槭树等。由于乔木层过于郁闭，高山松林林下植被生长稀疏，以禾本科和菊科植物常见；落叶阔叶林林下植被茂盛，灌木和草本植物种类丰富，常见灌木种类有猫耳刺、阔叶十大功劳、悬钩子、铁仔、蔷薇、菝葜、常春藤等；草本植物以大羽贯众（*Cyrtomium maximum*）、鳞盖蕨（*Microlepia* spp.）、凤尾蕨（*Pteris* spp.）、柳叶菜（*Epilobium hirsutum*）、蛇莓（*Duchesnea indica*）、早熟禾（*Poa* spp.）、酢浆草（*Oxalis corniculata*）等常见。

2009 年植被恢复概况：本区域受到地震的破坏相对较小，滑坡体上已经出现一年至多年生草本和灌木幼苗。

2018 年植被恢复现状：该样地植被恢复较好，滑坡体坡面植被覆盖度已70% 以上，以灌木和草本植物为主。植被可分为以下 2 个群系：

（1）川莓灌丛（Form. *Rubus setchuenensis*）

该群落在滑坡迹地分布广泛，灌木层以川莓为优势物种，盖度50% 左右，高度 1~2 m，其他常见灌木还有悬钩子、醉鱼草、柳、栒子、马桑等，此外还发现有国家一级重点保护植物红豆杉（*Taxus chinensis*）；草本层盖度30% 左右，以蕨类和禾本科植物为优势种，其他常见种还有千里光、芒、香青、大火草（*Anemone tomentosa*）、西南鬼灯檠（*Rodgersia sambucifolia*）等。

（2）柳灌丛（Form. *Salix* spp.）

柳灌丛在滑坡迹地平缓地段有较多分布，灌木层以柳属（Salix）植物为优势物种，盖度40% 左右，高 1~2.5 m，其他常见灌木还有川莓、悬钩子、醉鱼草、马桑等；草本层盖度40% 左右，优势种不明显，以香青、东方草莓（*Fragaria orientalis*）、大火草以及蕨类和细弱禾草类常见。

图 5-4-3 茂县凤仪镇大沟滑坡迹地

A. 川莓灌丛；B. 柳灌丛

（E 103°54′17″、N 31°41′24″附近，海拔 1 940 m）

5.4.1.3 都江堰市

都江堰市在地震中形成泥石流、崩塌、滑坡等地质灾害 66.97 km²，占区域面积的 5.54%。其中，位于龙池镇的龙溪 - 虹口国家级自然保护区受损严重，区内大熊猫栖息地大面积丧失，栖息地破碎化程度加剧，栖息地丧失面积达 73.54 km²，占保护区内大熊猫栖息地总面积的 32.15%。受地震破坏严重的区域主要集中在海拔 1 400～2 400 m、坡度 20°～55°的地段。本次调查样地选择在龙池镇飞来峰、龙池景区新山门和老山门、亚高山杜鹃园 4 个区域，均在大熊猫栖息地范围内。

样地 4　龙池镇飞来峰（见图 5-4-4）

灾害类型：山体崩塌、滑坡。

周边植被概况：常绿阔叶林，建群种为黑壳楠、曼青冈。乔木层高度 8 m 左右，灌木层主要以悬钩子、绣球等常见，草本以蕨类植物、菊科植物及禾本科植物等为主。

2009 年植被恢复概况：该样地为山体崩塌形成，植被破坏严重。目前滑坡体已有部分一年生至多年生的草本和部分灌木的幼苗生长，但盖度较低。

2018 年植被恢复现状：该样地植被恢复良好，植被覆盖度已达 80% 以上，以灌木和草本植物为主，已有少量乔木树种生长。飞来峰上已人工恢复成为厚朴林。植被可分为以下 2 个群系：

（1）水麻 - 绣线菊灌丛（Form. *Debregeasia orientalis*，*Spiraea* spp.）

该灌丛大面积分布于飞来峰崩离后的山体坡面，群落总体盖度 80% 左右，以水麻（*Debregeasia orientalis*）、茂汶绣线菊（*Spiraea sargentiana*）为优势种，其他常见灌木还有柳、醉鱼草、川莓等；草本层以散序地杨梅（*Luzula effusa*）、蕨类和禾本科植物常见。该样地已有少量亮叶桦（*Betula luminifera*）生长，高度 5 m 左右。

（2）厚朴林（Form. *Magnolia officinalis*）

飞来峰由于靠近当地居民住房，现已进行人工改造成为厚朴林。乔木层以厚朴为主，平均高度 4 m，平均胸径 5 cm，坡体边缘还种植有少量的柳杉（*Cryptomeria fortunei*）。林下由于种植玉米等作物，灌木种类极为稀少，仅发现有少量悬钩子幼苗；草本层以禾本科和蓼科的农田杂草为主。

图 5-4-4　都江堰市龙池镇滑坡迹地及飞来峰

A. 2009 年崩塌坡面；B. 2018 年崩塌坡面；C. 2009 年飞来峰植被；D. 2018 年飞来峰植被

（E 103°33′59″、N 31°4′51″附近，海拔 1 000～1 100 m）

样地5　龙池镇龙池景区新山门（见图 5-4-5）

灾害类型：山体滑坡、泥石流。

周边植被概况：次生常绿阔叶林，乔木层树种主要为黑壳楠、曼青冈，灌木主要有悬钩子、水麻、地果等，草本主要有节节草（*Commelina diffusa*）、蓟（*Cirsium japonicum*）、鼠麴草（*Gnaphalium affine*）、棒头草（*Polypogon fugax*）、粉条儿菜（*Aletris spicata*）、天名精（*Carpesium abrotanoides*）、凤仙花（*Impati-*

ens spp.）、蒿类（*Artemisia* spp.）等。

2009 年植被恢复概况：该样地为山体滑坡形成，原有植被几乎损毁殆尽，目前滑坡体已有部分一年生至多年生的草本和部分灌木的幼苗生长，但盖度较低。

2018 年植被恢复现状：该样地植被恢复良好，植被覆盖度已达 80% 以上，已有大量乔木生长，以亮叶桦为主，灌木以悬钩子属和柳属植物为主，草本以荨麻科、菊科蒿属和禾本科植物常见。植被可分为以下 2 个群系：

（1）亮叶桦林（Form. *Betula luminifera*）

亮叶桦在该滑坡迹地广泛分布，并形成了 0.2 左右的郁闭度，植株平均高约 6 m，平均胸径约 8 cm，除亮叶桦外，乔木树种还有华西枫杨（*Pterocarya insignis*）、灯台树（*Bothrocaryum controversum*）等；林下灌木层盖度约 30%，以川莓、水麻、悬钩子、盐肤木（*Rhus chinensis*）等常见；草本层盖度 40% 左右，以粗齿冷水花（*Pilea sinofasciata*）、野艾蒿（*Artemisia lavandulaefolia*）和禾本科植物常见。

（2）野艾蒿灌草丛（Form. *Betula luminifera*）

野艾蒿在滑坡体生境极为常见，在局部地段能够形成片状分布。灌草丛以青蒿为建群种，盖度 50% 左右，平均高 1.3 m 左右，其他草本植物还有柳叶菜（*Epilobium hirsutum*）、香青、川赤飑（*Thladiantha davidii*）、掌裂蟹甲草（*Parasenecio palmatisectus*）、黄鹌菜（*Youngia japonica*）以及蕨类等。

图 5－4－5　都江堰市龙池镇龙池景区新山门滑坡迹地

A. 亮叶桦林；B. 野艾蒿灌草丛

（E 103°33′42″、N 31°5′59″附近，海拔 1 000～1 100 m）

样地 6　龙池镇龙池景区老山门（见图 5－4－6）

灾害类型：山体滑坡、泥石流。

周边植被概况：与样地 5 龙池景区新山门附近的植被基本一致，此处不再赘述。

2009 年植被恢复概况：该样地为山体滑坡形成，原有植被几乎损毁殆尽。

2018 年植被恢复现状：该样地在 2008 年地震后多次发生滑坡和泥石流，现地表基质已基本稳定，植被恢复较好，盖度已达 60% 左右，由于水热条件较好，已有大量乔木生长，以亮叶桦为主；灌木相对较为稀少，以柳、水麻等常见；草本以芒、野茼蒿（*Crassocephalum crepidioides*）、黄鹌菜等常见。植被可分为以下 2 个群系：

（1）亮叶桦林（Form. *Betula luminifera*）

样地中亮叶桦植株密度极高，达 5 ~ 8 株/m²，植株高 3 ~ 5 m，胸径 2 ~ 4 cm，郁闭度 0.2 左右；林下灌木稀少，仅见少量水麻、柳和悬钩子；草本以芒、荩草等为优势，盖度 40% 左右。

（2）芒草丛（Form. *Miscanthus sinensis*）

芒草丛主要分布于泥石流迹地，群落以芒为优势，盖度 70% 左右，杂有少量的亮叶桦、川莓、大叶醉鱼草生长。

图 5-4-6　都江堰市龙池镇龙池景区老山门附近滑坡和泥石流迹地

A、B. 滑坡迹地亮叶桦林；C. 泥石流迹地亮叶桦林；D. 泥石流迹地芒草丛

（E 103°33′26″、N 31°6′49″附近，海拔 1 250 ~ 1 300 m）

样地7 龙池镇杜鹃园（见图5-4-7）

灾害类型：山体滑坡。

周边植被概况：该区域植被以落叶阔叶林为主，乔木树种主要有扇叶槭（*Acer flabellatum*）、藏刺榛（*Carpinus ferox*）、西南樱桃（*Prunus yunnanenesis*）、四川臭樱（*Maddenia hypoxantha*）、泡花树（*Meliosma cuneifolia*）等；灌木树种主要以拐棍竹（*Fargesia robusta*）为优势种，常构成林下优势片层或形成纯林。

2009年植被恢复概况：该样地为山体滑坡形成，原有植被几乎损毁殆尽，经近1年的自然恢复后已有部分植物生长，如大叶醉鱼草、黄鹌菜等，但盖度极低。

2018年植被恢复现状：该样地地表基质已基本稳定，由于水热条件较好，植被已得到了较好的恢复，盖度已达80%左右，以亮叶桦林、川莓灌丛、汶川柳灌丛、蕨菜灌草丛等常见。植被可分为以下4个群系：

（1）亮叶桦林（Form. *Betula luminifera*）

亮叶桦在龙池区域滑坡迹地多以疏林的形式分布。群落乔木层以亮叶桦为主，高度5~7m，郁闭度0.2~0.3，胸径5~10cm，偶有大叶杨（*Populus lasiocarpa*）生长；林下灌木以川莓、悬钩子为优势种，盖度40%左右，其他常见灌木还有猫儿屎、汶川柳、狗枣猕猴桃（*Actinidia kolomikta*）等；草本层以蕨（*Pteridium aquilinum* var. *latiusculum*）、三角叶蟹甲草（*Parasenecio deltophyllus*）、黄鹌菜、黄金凤（*Impatiens siculifer*）等常见，盖度50%左右。

（2）川莓灌丛（Form. *Rubus setchuenensis*）

川莓灌丛是龙池区域滑坡迹地分布最广、面积最大的植被。川莓在群落中占绝对优势，盖度40%~70%，因冬季积雪覆盖，多数区域的植株都出现倒伏的现象，其他常见灌木种类还有光滑悬钩子、大叶醉鱼草、茂汶绣线菊、冰川茶藨子（*Ribes glaciale*）、猕猴桃等；草本层盖度30%~60%，以蕨、散序地杨梅、荨麻等为优势，其他常见种类还有紫花碎米荠（*Cardamine tangutorum*）、三角叶蟹甲草、香青、柳叶菜、黄鹌菜、黄金凤、假升麻（*Aruncus sylvester*）等。

（3）汶川柳灌丛（Form. *Salix ochetophylla*）

汶川柳灌丛主要分布在滑坡体下部平缓地段，灌木层以汶川柳为优势种，盖度50%左右，高1~2m，其他常见灌木还有莼兰绣球（*Hydrangea longipes*）、川莓、悬钩子、大叶醉鱼草等；草本层生长稀疏，盖度10%~30%，优势种不明显，以香青、东方草莓（*Fragaria orientalis*）、大火草以及蕨类和细弱禾草类常见。

（4）蕨菜灌草丛（Form. *Pteridium aquilinum* var. *latiusculum*）

蕨菜灌草丛在滑坡迹地向阳坡面广泛分布，群落外貌整齐、生长均匀，平均高 50～100 cm，盖度 50%～80%，以蕨菜为主，其他杂草有香青、峨眉千里光（*Senecio faberi*）、水蓼、东方草莓等。

图 5 - 4 - 7　都江堰市龙池镇杜鹃园滑坡迹地

A. 亮叶桦林；B. 川莓灌丛；C. 汶川柳灌丛；D. 蕨菜灌草丛

（E 103°34′45″、N 31°7′44″附近，海拔 1 800～1 950 m）

5.4.1.4　彭州市

彭州市龙门山镇位于龙门山地震带上，是汶川大地震极重灾区之一。在"5·12"地震中形成泥石流、崩塌、滑坡等地质灾害 129.75 km²，占区域面积的 9.14%。地震断裂带途经之地的九峰村谢家店子受特殊滑坡体"地开花"影响直接消失（刘守江等，2010）。本次调查样地便设置在谢家店子滑坡体。

样地 8　龙门山镇谢家店子（见图 5 - 4 - 8）

灾害类型：山体滑坡。

周边植被概况：滑坡体周边植被为典型的亚热带常绿林，以川钓樟（*Lindera pulcherrima* var. *hemsleyana*）、柳杉、桢楠（*Phoebe zhennan*）、青冈（*Cy-*

clobalanopsis glauca)、木姜子、三桠乌药（*Lindera obtusiloba*）等常见。较低海拔区域分布有茂密的人工种植的柳杉林。林下分布有茂密的灌丛，主要有阔叶十大功劳、川莓、悬钩子、竹叶椒（*Zanthoxylum armatum*）、峨眉玉山竹（*Yushania chungii*）、木通（*Akebia quinata*）、绣球等；草本植物主要有鳞盖蕨属（*Microlepia*）、石韦属（*Pyrrosia*）、大羽贯众（*Cyrtomium maximum*）、凤尾蕨等蕨类植物，以及报春花、菝葜、苔草、莎草、老鹳草（*Geranium wilfordii*）、碎米荠、香青、堇菜（*Viola verecunda*）、沿阶草（*Ophiopogon bodinieri*）、紫堇、东方草莓、蛇莓（*Duchesnea indica*）等。

2009 年植被恢复概况： 谢家店子滑坡后原有植被损毁殆尽，滑坡体坡面土壤条件极差，滑坡体大部分区域几乎没有植物生长，仅在边缘地方有少数草本植株生长。

2018 年植被恢复现状： 该样地地表基质已基本稳定，由于水热条件较好，植被已得到了较好的恢复，多数区域已形成"桤木—绣球—蕨"乔灌草群落，滑坡体下部平缓区域已进行了人工植被恢复，栽植了柳杉幼苗。植被可分为以下 3 个群系：

（1）桤木林（Form. *Alnus cremastogyne*）

桤木林在谢家店子滑坡体上已大面积分布，群落乔灌草结构分层明显，乔木层以桤木为单一优势物种，植株平均高 7 m，胸径 6 ~ 12 cm，郁闭度 0. 2 ~0. 3;灌木层以绣球（*Hydrangea* spp.）、川莓、水麻、光滑悬钩子、大叶醉鱼草、绣线菊、覆盆子（*Rubus idaeus*）等常见，盖度 30% ~50%，高 1 ~ 2. 5 m；草本层种类丰富，以蕨类和禾草为优势，其他常见种类还有芒、香青、柳叶菜、大火草、牛膝菊（*Galinsoga parviflora*）、鬼针草（*Bidens pilosa*）、莎草、粗齿冷水花、峨眉千里光、繁缕（*Stellaria media*）、黄鹌菜、黄金凤、三角叶蟹甲草、石松（*Lycopodium japonicum*）、水蓼、西南拉拉藤等。

（2）水麻、绣球灌丛（Form. *Debregeasia orientalis*, *Hydrangea* spp. ）

该灌丛主要分布于滑坡体雨水冲积沟两侧，群落以水麻和绣球（*Hydrangea* spp. ）为优势，盖度 50% ~70%，高 1 ~2 m，其他常见种类还有川莓、悬钩子、大叶醉鱼草等。草本层以芒、千里光、黄鹌菜以及蕨类常见，盖度 30% 左右。

（3）人工柳杉幼林（Form. *Cryptomeria fortunei*）

谢家店子滑坡体下部平缓区域目前已栽植了部分柳杉幼苗。柳杉植株高

0.5～2 m不等，长势良好，因人工管护，少有灌木生长，仅发现有少量悬钩子和醉鱼草。草本层植物种类丰富，以蒿类、柳叶菜、毛茛（*Ranunculus* spp.）、大火草、牛膝菊、鬼针草、千里光、繁缕、黄鹌菜、三角叶蟹甲草、西南拉拉藤等常见，盖度50%～70%。

图5-4-8　彭州市龙门山镇谢家店子滑坡迹地

A、B. 桤木林；C. 水麻、绣球灌丛；D. 人工柳杉幼林

（E 103°50′58″、N 31°17′24″附近，海拔1 200～1 300 m）

5.4.1.5　什邡市

什邡市在地震中形成泥石流、崩塌、滑坡等地质灾害109.98 km²，占区域面积的12.74%。本次调查样地选择在受滑坡影响严重的石板沟区域。

样地9　红白镇石板沟（见图5-4-9）

灾害类型：山体崩塌、滑坡。

周边植被概况：该样地位于九顶山省级自然保护区实验区内。滑坡体周边植被为次生落叶阔叶混交林和人工柳杉林，主要树种有槭树（*Acer* spp.）、木姜子（*Litsea* spp.）、青麸杨（*Rhus potaninii*）、亮叶桦等，郁闭度0.5左右，灌木以悬钩子、青荚叶、川莓等常见；草本常见种类有蓟、蕨、沿阶草、千里光、莎草、贯众等。

2009 年植被恢复概况：滑坡体上原有植被全部损毁，部分坡面覆土处已有少量菊科、禾本科植物开始生长，盖度极低。

2018 年植被恢复现状：该样地水热条件较好，植被恢复较好，除个别砾石较大的区域外已均有植被覆盖，盖度在60%以上。但由于坡度较大，植被以灌丛为主，缓坡地段也有亮叶桦、灯台树、柳杉等生长。植被可分为以下2个群系：

（1）亮叶桦林（Form. *Betula luminifera*）

亮叶桦主要分布在滑坡体缓坡区域，与灯台树、柳杉等一起形成疏林，郁闭度0.2左右。群落以亮叶桦为优势树种，植株平均高度5 m，胸径4～6 cm；林下灌木层植被发达，以柳为主，盖度可达50%，其他常见灌木还有水麻、悬钩子、川莓、山鸡椒、绣线菊等；草本层盖度30%～60%，以蕨类为主，其他常见种类还有散序地杨梅、橐吾（*Ligularia* sp.）、车前（*Plantago asiatica*）、沟酸浆（*Mimulus tenellus*）、牛膝菊、扬子毛茛（*Ranunculus sieboldii*）、繁缕等。

（2）柳灌丛（Form. *Salix* sp.）

柳灌丛是该滑坡体上分布范围最广、面积最大的群落。群落灌木层以柳（*Salix* sp.）为绝对优势种，盖度40%～60%，高1～2 m，其他常见灌木还有莼兰绣球、川莓、悬钩子、大叶醉鱼草等；草本层物种组成与周围亮叶桦林下基本相同，盖度10%～30%，以蕨类为优势种。

图 5 - 4 - 9　什邡市红白镇石板沟滑坡迹地

A. 亮叶桦林；B. 柳灌丛

（E 31°23′24.17″、N 103°58′24″附近，海拔1 250～1 300 m）

5.4.1.6 绵竹市

绵竹市在地震中形成泥石流、崩塌、滑坡等地质灾害 111.52 km²，占区域面积的 8.96%，主要集中在低、中山区。本次调查样地选择在受滑坡影响严重的金花镇玄郎沟区域。

样地 10 金花镇玄郎沟（见图 5-4-10）

灾害类型：山体土质滑坡。

周边植被概况：滑坡体周边植被为常绿阔叶与落叶阔叶混交林，目前受人为影响较大，主要树种有水青冈（*Fagus* spp.）、漆树（*Toxicodendron vernicifluum*）、桤木等，高度 8 m 左右；灌木有荚蒾（*Viburnum dilatatum*）、菝葜、西南绣球、竹叶花椒、西南卫矛（*Euonymus hamiltonianus*）、凹叶瑞香（*Daphne retusa*）、水麻等；草本层有大火草、淡竹叶（*Lophatherum gracile*）、虎耳草、铁线莲（*Clematis* spp.）、蒲儿根、细辛（*Asarum sieboldii*）以及蕨类植物如狗脊（*Woodwardia japonica*）、银粉背蕨（*Aleuritopteris argentea*）、金星蕨（*Parathelypteris glanduligera*）等。

2009 年植被恢复概况：滑坡体上原有植被全部损毁，但由于该滑坡体是土质滑坡，植被恢复相对较为容易，目前已有较多植物生长，灌木主要有水麻、绣球，草本主要有碎米荠、繁缕、蒲儿根、节节草、禾草、金星蕨等。

2018 年植被恢复现状：该样地土壤条件和水热条件都较好，植被恢复较好，植被盖度在 80% 以上。该滑坡体目前已进行了人工造林，造林树种为柳杉。植被可分为以下 3 个群系：

（1）人工柳杉幼林（Form. *Cryptomeria fortunei*）

滑坡体中下部目前已栽植了部分柳杉幼树。柳杉植株高 2~4 m 不等，长势良好，常有少量桤木、灯台树、山核桃等混入生长。因缺少人工管理，灌木生长茂盛，以川莓、悬钩子、西南绣球、大叶醉鱼草、水麻等常见；草本层植物种类丰富，以节节草、鳞毛蕨、艾蒿、赤飑、鬼针草、黄金凤、冷水花、糯米团（*Gonostegia hirta*）、大火草、凤尾蕨等常见。

（2）川莓灌丛（Form. *Rubus setchuenensis*）

川莓灌丛主要分布于滑坡迹地边缘，群落以川莓为绝对优势种，盖度 40%~70%，其他常见灌木种类还有大叶醉鱼草、西南绣球、水麻等；草本层盖度 20% 左右，以艾蒿、黄金凤、鬼针草、冷水花、黄鹤菜、黄金凤、荨麻、川赤飑和蕨类等常见。

（3）水麻灌丛（Form. *Debregeasia orientalis*）

该灌丛主要分布于滑坡体下部靠近溪流的区域，群落以水麻为优势种，盖度50%左右，高1~2.5 m，其他常见种类还有川莓、西南绣球、地果等；草本层以艾蒿、千里光以及蕨类常见，盖度20%左右。

图5-4-10　绵竹市金花镇玄郎沟滑坡迹地

A. 滑坡迹地；B. 人工柳杉幼林；C. 川莓灌丛；D. 水麻灌丛

（E 31°22′3.6″，N 104°5′0.92″附近，海拔750~780 m）

5.4.1.7　绵阳市安州区

绵阳市安州区在地震中形成泥石流、崩塌、滑坡等地质灾害87.59 km²，占区域面积的6.24%。本次调查样地选择在雎水镇海绵礁。

样地11　雎水镇海绵生物礁（见图5-4-11）

灾害类型：山体崩塌、滑坡。

周边植被概况：该样地位于绵阳市安州区海绵生物礁省级自然保护区内，地震后滑坡区域原有植被全部损毁。该滑坡迹地周边植被为典型的次生常绿阔叶与落叶阔叶混交林，建群树种有桤木、野樱桃、香樟、润楠、水青冈等，乔木高度在10 m左右；灌木丛以常绿川桂、木姜子灌丛为主，伴生有菝葜、悬钩子、藤山柳（*Clematoclethra lasioclada*）、阔叶十大功劳；草本植物有吉祥草

（*Reineckia carnea*）、沿阶草、狗脊、羊齿天门冬（*Asparagus filicinus*）等。

2009年植被恢复概况：滑坡迹地已有较多植物生长，但盖度极低，灌木主要有水麻、悬钩子，草本主要有碎米荠、繁缕、蒲儿根、禾草等。

2018年植被恢复现状：该样地土壤和水热条件都较好，植被恢复较好，植被盖度在80%以上。植被可分为以下2个群系：

（1）桤木林（Form. *Alnus cremastogyne*）

桤木林在该区域发育良好，群落乔灌草结构分层明显，乔木层以桤木为单一优势种，植株平均高6~8 m，胸径6~14 cm，郁闭度0.4~0.6左右；灌木层以栒子、高粱泡、盐肤木、西南绣球、覆盆子、水麻、悬钩子、枫杨幼苗等常见，盖度30%~50%，高1~2.5 m；草本层盖度50%左右，种类丰富，以芒为优势种，其他常见种类还有芒、苔草、小舌紫菀（*Aster albescens*）、知风草、艾蒿、节节草、凤毛菊（*Saussurea* sp.）、大火草、黄花蒿、野艾蒿、蟹甲草、凤尾蕨、肋毛蕨（*Ctenitis* sp.）、蝴蝶花（*Iris japonica*）等。

（2）马桑－芒灌草丛（Form. *Coriaria nepalensis*，*Miscanthus sinensis*）

该灌丛主要分布于滑坡体向阳坡面，群落灌木层以马桑为优势，盖度30%左右，高1~2 m，其他常见种类还有盐肤木、悬钩子、覆盆子、高粱泡等；草本层以芒为明显优势种，盖度30%~50%，高1~1.5 m，其他常见种类还有千里光、黄鹌菜、野艾蒿、蟹甲草以及蕨类等。

图5－4－11　绵阳市安州区海绵生物礁滑坡迹地

A. 桤木林；B. 马桑－芒灌草丛

（E 31°30′17.96″、N 104°13′51.06″附近，海拔730~750 m）

5.4.1.8　北川县

北川县在地震中形成泥石流、崩塌、滑坡等地质灾害104.61 km²，占区域面积的3.65%。由于北川的关外地区处于龙门山系独特的地质构造带上，此次地震对这几个乡镇造成了毁灭性的破坏，山体整体垮塌，垮塌的山体和泥石流堵塞河道形成堰塞湖，生态环境和自然景观也受到了严重的影响。本次调查选择北川县受到地震毁灭性破坏的禹里乡唐家山堰塞湖坝址附近。

样地 12　禹里乡唐家山（见图 5-4-12）

灾害类型：山体崩塌、滑坡。

周边植被概况：该区域周边植被以次生落叶阔叶林和人工林为主，树种主要有青冈、桦木、栓皮栎和人工种植的柳杉、杉木等，高度 8~15 m，郁闭度 0.6~0.8；林下灌木和草本茂盛，主要分布的灌木有悬钩子、峨眉蔷薇、刺五加（*Acanthopanax senticosus*）、绣线菊、密蒙花（*Buddleja officinalis*）、白夹竹（*Phyllostachys bissetii*）等；草本种类丰富，常见种类有苦荬菜（*Ixeris polycephala*）、斑茅（*Saccharum arundinaceum*）、荩草、早熟禾等，以及海金沙、里白、金星蕨、鳞盖蕨等多种蕨类植物。

2009 年植被恢复概况：调查样地位于堰塞湖大坝坝址附近，植被自然恢复较好，植物种类丰富，发现的树种有白花地丁（*Viola patrinii*）、薯蓣（*Dioscorea opposita*）、苦荬菜、牛尾蒿（*Artemisia dubia*）、香青、蝴蝶花、莎草、斑茅、小蓟（*Cirsium setosum*）、香薷（*Elsholtzia ciliata*）、飞蓬、清明菜（*Anaphalis flavescens*）、节节草、广布野豌豆（*Vicia cracca*）、水麻、凤尾蕨、石生繁缕、淡竹叶、碎米荠、鬼针草、蝎子草（*Girardinia suborbiculata*）、问荆（*Equisetum arvense*）、狗尾草（*Setaria viridis*）、早熟禾、马先蒿（*Pedicularis* sp.）等。

2018 年植被恢复现状：本次调查时由于原大坝处已无道路可抵达，故样地选择在坝址垂直往上约 100 m 的位置。该样地水热条件较好，但土壤条件较差，植被恢复一般，植被以灌草丛为主，盖度 70% 左右。植被可分为以下 2 个群系：

（1）桤木疏林（Form. *Alnus cremastogyne*）

桤木零星分布于滑坡体上，在局部地段能够形成疏林，郁闭度 0.2 左右。桤木植株高 4~5 m，胸径 5~8 cm；灌木层发育极差，盖度仅 5% 左右，以悬钩子、醉鱼草常见；草本层生长繁茂，种类丰富，以蕨类和芒为优势种，盖度 80% 左右，其他常见种类还有芒、千里光、大火草、黄花蒿、野艾蒿、荩草、鬼针草、香薷、天名精、飞蓬（*Erigeron acer*）、白车轴草（*Trifolium repens*）、野菊（*Dendranthema indicum*）、狗尾草、车前、知风草、蝎子草、紫苏（*Perilla frutescens*）、龙葵（*Solanum nigrum*）、沟酸浆等。

（2）芒草丛（Form. *Miscanthus sinensis*）

芒草丛是调查区域滑坡迹地上主要的植被，群落以芒为优势种，盖度70%左右，其他常见种类还有野艾蒿、柳叶菜、野菊、千里光、紫苏、大火草和蕨类等。

图5-4-12　北川县禹里乡唐家山堰塞湖滑坡迹地

A. 桤木疏林；B. 芒灌草丛

（E 104°25′50″、N 31°50′47″附近，海拔850~900 m）

5.4.1.9　平武县

平武县在地震中形成泥石流、崩塌、滑坡等地质灾害38.92 km²，占区域面积的0.65%，主要集中在南坝镇一带。本次调查样地选择在南坝镇桐子梁附近，属干旱河谷生境。

样地13　南坝镇桐子梁（见图5-4-13）

灾害类型： 山体崩塌。

周边植被概况： 此地原有植被为次生灌丛，灌木种类有盐肤木、小角柱花（*Ceratostigma minus*）、黄荆、悬钩子、蔷薇、火棘等；草本植物有千里光、羊齿天门冬、蒿、莎草、狗尾巴草、茜草、斑茅、芸香草、苈草、酢浆草、黄鹌菜等。

2009年植被恢复概况： 该区山体大面积垮塌，大量碎石将原有覆盖植被掩埋，塌方堆积体上土壤稀薄，目前尚未发现自然恢复迹象。

2018年植被恢复现状： 该样地地处干旱河谷，土壤和水热条件都较差，植被恢复一般，植被盖度50%左右，以灌草丛为主，滑坡迹地下部平缓地段种植有核桃，长势一般。植被可分为以下3个群系：

（1）斑茅灌草丛（Form. *Saccharum arundinaceum*）

斑茅的分蘖能力和抗旱性都很强，为调查区域滑坡迹地上明显的优势植物群落。斑茅盖度30%~50%，高1.5~2 m，偶有少量马桑、水麻间杂其中。群落物种种类稀少，常见种类有白茅、丛毛羊胡子草（*Eriophorum comosum*）、颠茄等。

（2）丛毛羊胡子草草丛（Form. *Eriophorum comosum*）

丛毛羊胡子草主要生长于坡度较大的区域，盖度20%～30%，很少有其他物种生长。

（3）人工核桃疏林（Form. *Juglans regia*）

在滑坡迹地下部平缓地段目前已种植有核桃，长势一般，植株高2～4 m。灌木层生长稀疏，以悬钩子、胡枝子常见，盖度5%左右；草本层以白茅、狗尾草、颠茄和蒿类等常见，盖度30%左右。

图5-4-13 平武县南坝镇桐子梁滑坡迹地

A、B. 斑茅灌草丛；B. 芒灌草丛；C. 丛毛羊胡子草草丛；D. 人工核桃疏林

（E 104°49′25″、N 32°11′37″附近，海拔700～780 m）

5.4.1.10 青川县

青川县在地震中形成泥石流、崩塌、滑坡等地质灾害32.65 km²，占区域面积的1%，主要集中在红光乡、石坝镇一带。本次调查样地选择在红光乡东河口附近。

样地14 红光乡东河口（见图5-4-14）

灾害类型：山体垮塌。

周边植被概况：样地原为退耕还林地，周边以农田为主。调查样方主要乔木有曼青冈、油樟、桤木、侧柏、山桐子、木荷等，属人工混交林；主要灌木有铁仔、火棘、蔷薇、悬钩子、崖豆藤（*Millettia*）、铁线蕨、卷柏等；主要草本有莎草、井沿边草、菝葜、天名精、碎米荠等。

2009年植被恢复概况：此地为著名的东河口地震遗址所在地附近山坡，东河口原有地貌完全改观，垮塌严重。样地附近震前是农田与次生林交杂处，震后原有植被荡然无存。由于土层较厚，利于植被恢复，目前已有较多草本及小灌木生长。

2018年植被恢复现状：该样地水热条件较好，植被恢复迅速，目前植被盖度在80%以上。植被可分为以下3个群系：

（1）桤木林（Form. *Alnus cremastogyne*）

该样地桤木林生长极好，群落乔灌草结构分层明显，乔木层以桤木为优势种，植株平均高8 m，胸径6～12 cm，郁闭度0.3～0.5，偶有朴树、野桐混入生长；灌木层植物稀少，以水麻、马桑常见，盖度10%左右；草本层种类较丰富，以蕨类为优势种，其他常见种类还有荨麻、飞蛾藤（*Porana racemosa*）、问荆、白苞蒿、莎草、龙葵、千里光、繁缕、鬼针草、天名精、芒等，总盖度80%左右。

（2）马桑－芒灌草丛（Form. *Coriaria nepalensis*，*Miscanthus sinensis*）

该灌丛主要分布于滑坡迹地向阳坡面，群落灌木层以马桑为优势种，盖度30%左右，高1～2 m，其他常见种类还有盐肤木、悬钩子、川莓、醉鱼草等；草本层主要以芒为优势种，盖度30%～50%，高1～1.5 m，部分地段芨草优势性较高，盖度可达60%左右，其他常见种类还有银莲花、大火草、糯米团、苦荬菜、香青、鬼针草、千里光等。

图5－4－14　青川县红光乡东河口滑坡迹地

A. 桤木林；B. 马桑－芒灌草丛

（E 105°7′35″、N 32°24′42″附近，海拔650～720 m）

5.4.2　植物群落总体特征

5.4.2.1　种类组成

本次野外调查共鉴定出维管植物112科310属436种，其中蕨类17科25

属35种，裸子植物3科7属10种，被子植物92科278属391种。

按照每科所含物种数的绝对数量对调查到的112科维管植物进行排序，结果见表5-4-1。

表5-4-1　汶川大地震极重灾区维管植物科排序表

种数（科数）	科名（种数）
1种（38科）	蚌壳蕨科、叉蕨科、杜仲科、海金沙科、柏科、旱金莲科、椴树科、堇菜科、旌节花科、景天科、蕨科、爵床科、兰科、里白科、连香树科、领春木科、萝藦科、马齿苋科、马兜铃科、马桑科、牻牛儿苗科、瓶尔小草科、七叶树科、三白草科、山矾科、芍药科、石蒜科、柿树科、鼠李科、卫矛科、乌毛蕨科、仙茅科、仙人掌科、罂粟科、鸢尾科、紫葳科、棕榈科、酢浆草科
2~5种（54科）	白花丹科（2）、车前草科（2）、灯芯草科（2）、冬青科（2）、裸子蕨科（2）、马钱科（2）、木贼科（2）、清风藤科（2）、桑科（2）、杉科（2）、石松科（2）、石竹科（2）、薯蓣科（2）、天南星科（2）、铁线蕨科（2）、旋花科（2）、榆科（2）、紫金牛科（2）、水龙骨科（3）、大风子科（3）、大戟科（3）、杜鹃花科（3）、凤尾蕨科（3）、凤仙花科（3）、胡颓子科（3）、葫芦科（3）、金丝桃科（3）、金星蕨科（3）、卷柏科（3）、柳叶菜科（3）、龙胆科（3）、牻牛儿苗科（3）、猕猴桃科（3）、木兰科（3）、木通科（3）、葡萄科（3）、漆树科（3）、槭树科（3）、茄科（3）、忍冬科（3）、瑞香科（3）、中国蕨科（3）、报春花科（4）、胡桃科（4）、楝科（4）、莎草科（4）、山茶科（4）、山茱萸科（4）、鳞毛蕨科（5）、马鞭草科（5）、木犀科（5）、十字花科（5）、玄参科（5）、芸香科（5）
6~10种（12科）	杨柳科（6）、唇形科（7）、蓼（7）、茜草科（7）、松科（7）、五加科（7）、小檗科（7）、虎耳草科（8）、伞形科（8）、壳斗科（9）、桦木科（10）、毛茛科（10）
11~20种（4科）	荨麻科（12）、樟科（12）、百合科（13）、豆科（15）
20种以上（3科）	禾本科（21）、蔷薇科（24）、菊科（45）

调查区域内维管植物只含1种的科有38科，占区内维管植物总科数的34.82%、总种数的8.94%；2~5种的科有54科162种，占总科数的48.21%、总种数的35.15%；6~10种的科有12科93种，占总科数的10.71%、总种数

的 21.33%；11～20 种的科有 4 科 52 种，占总科数的 3.57%、总种数的 11.93%；20 种以上的科有 3 科 90 种，占总科数的 2.68%、总种数的 20.64%（见图 5-4-15）。

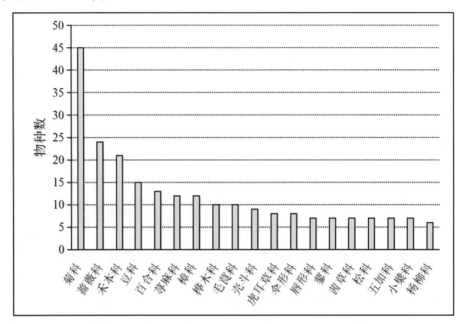

图 5-4-15　汶川大地震极重灾区植物种类大于 5 的科的物种数量

排序结果表明，保护区内被子植物优势科明显，菊科（45 种）、蔷薇科（24 种）和禾本科（21 种）为优势科，其中菊科为绝对优势科，由于禾本科的细弱禾草不易鉴定，所以禾本科物种的实际种类数量可能不止 21 种。除上述 3 科外，豆科（15 种）、百合科（13 种）、樟科（12 种）和荨麻科（12 种）也具有一定的优势性，这 7 个科所含种数占被子植物总种数的比例达 32.57%。

根据每属所含物种数的绝对数量，对区内的 310 属维管植物进行排序，结果见表 5-4-2。含 7 种的属仅 2 属，分别为蒿属（Artemisia）和悬钩子属（Rubus）；含 6 种的属仅 2 属，分别为桦木属（Betula）和栎属（Quercus）；含 4 种的属有 8 属，占总属数的 2.58%，如柳属（Salix）、小檗属（Berberis）、松属（Pinus）等；含 3 种及以下的属共计 298 属 378 种，占总属数的 96.13%、总种数的 86.7%，其中仅含 1 种的属（即单种属）有 237 属，占总属数的 76.45%、总种数的 54.36%。

表 5－4－2　汶川大地震极重灾区维管植物属统计

种类数量等级	属数	占总属数比例	种数	占总种数比例
7 种	2	0.65%	14	3.21%
6 种	2	0.65%	12	2.75%
4 种	8	2.58%	32	7.34%
3 种	19	6.13%	57	13.07%
2 种	42	13.55%	84	19.27%
1 种	237	76.45%	237	54.36%
合计	310	100%	436	100%

统计结果表明，汶川大地震极重灾区典型区域种子植物的属以单种属和少种属居多，蒿属、悬钩子属、桦木属和栎属为优势属。

5.4.2.2　物种多样性

对汶川大地震极重灾区 10 个县市各调查点维管植物的种类密度进行了统计，结果见图 5－4－16。都江堰市和安州区的植物种类密度最高，什邡市次之，青川县、绵竹市和彭州市处于中间水平，且差异较小，汶川、北川、茂县和平武县依次降低。各县市种类密度主要与其气候条件、地理位置、调查点立地条件等有关。汶川县、茂县和平武县的调查点主要选择在干旱河谷生境，水热条件的限制使得灾害体上植物种类密度相对较低；北川县的调查点主要集中在唐家山堰塞湖附近，由于山高坡陡，水热条件也较差，单位面积内植物种类相对也较少；其余 6 个县市的水热条件相对较好，单位面积内植物种类也相应较多。

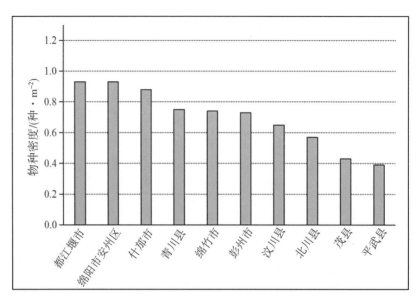

图 5－4－16　汶川大地震极重灾区调查点维管植物种类密度

对各调查点植物群落的 Shannon－Weiner 多样性指数和 Simpson 优势度指数进行了计算，结果见图 5－4－17。由图可知，Shannon－Weiner 多样性指数方面，绵竹市最高，彭州市次之，平武县最低；Simpson 优势度指数方面，平武县最高，绵竹市最低。

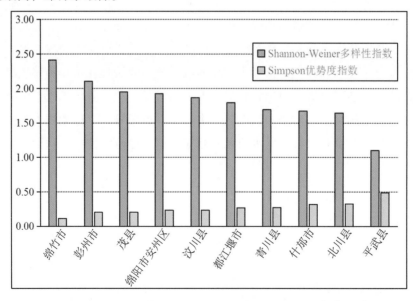

图 5－4－17　汶川大地震极重灾区调查点群落多样性指数 H 和优势度指数 D

5.4.2.3 植被组成

根据《中国植被》分类系统，调查区域滑坡迹地上的自然植被类型主要为落叶阔叶林、落叶阔叶灌丛和灌草丛，人工栽培植被以针叶林和落叶阔叶林为主，进一步可划分为 19 个群系类型（见表 5 - 4 - 3）。

表 5 - 4 - 3　2012 年和 2017 年滑坡迹地植被群系组成

植被类型及群系名称	分布点
针叶林	
人工柳杉幼林（Form. *Cryptomeria fortunei*）	8，10
落叶阔叶林	
桤木林（Form. *Alnus cremastogyne*）	8，11，12，14
亮叶桦林（Form. *Betula luminifera*）	5，6，7，9
人工核桃林（Form. *Juglans regia*）	13
人工厚朴林（Form. *Magnolia officinalis*）	4
落叶阔叶灌丛	
川莓灌丛（Form. *Rubus setchuenensis*）	3，7，10
水麻灌丛（Form. *Debregeasia orientalis*）	4，8，10
四川黄栌灌丛（Form. *Cotinus szechuanensis*）	1，2
柳灌丛（Form. *Salix* spp.）	3，7，9
火棘灌草丛（Form. *Pyracantha fortuneana*）	2
马桑 - 芒灌草丛（Form. *Coriaria nepalensis*，*Miscanthus sinensis*）	11，14
悬钩子 - 川甘亚菊灌草丛（Form. *Rubus* spp.，*Ajania potaninii*）	1
灌草丛	
斑茅灌草丛（Form. *Saccharum arundinaceum*）	13
川甘亚菊、莸草丛（Form. *Ajania potaninii*，*Caryopteris* spp.）	2
丛毛羊胡子草草丛（Form. *Eriophorum comosum*）	13
蕨菜灌草丛（Form. *Pteridium aquilinum* var. *latiusculum*）	7
芦苇灌草丛（Form. *Phragmites australis*）	1，2
芒草丛（Form. *Miscanthus sinensis*）	6，12
野艾蒿灌草丛（Form. *Betula luminifera*）	5

分布点位置：（1）汶川县威州镇姜维城山坡；（2）茂县南新镇羊毛坪；（3）茂县凤仪镇大沟；（4）都江堰市龙池镇飞来峰；（5）都江堰市龙池镇龙池景区新山门；（6）都江堰市龙池镇龙池景区老山门；（7）都江堰市龙池镇杜鹃园；（8）彭州市龙门山镇谢家店子；（9）什邡市红白镇石板沟；（10）绵竹市金花镇玄郎沟；（11）安州区雎水镇海绵生物礁；（12）北川县禹里乡唐家山；（13）平武县南坝镇桐子梁；（14）青川县红光乡东河口。

5.4.2.4　植被恢复现状及恢复能力

总的来说，汶川大地震及其次生地质灾害造成的滑坡、崩塌和泥石流等灾害体上，自然植被具有较强的恢复能力，植物群落能够较为快速地恢复，与2009年的预测基本一致。

从物种多样性来看，2009年在51个调查样点共记录维管植物102科305种（含走访记录物种），2018年，受调查时间、天气、次生地质灾害等多种因素限制，本次调查点相对较少，在10个调查点共记录到112科436种，如进一步考察，植物种类应该还有极大的增长空间。由此可知，受灾区域经过10年的恢复后，植物种类明显增加。

从植物科属组成来看，地震破坏迹地以蔷薇科、菊科和禾本科植物为主要先锋物种，这与2009年在地震灾区的调查结果相似，且与这几个科的植物特征密切相关。菊科和禾本科的种子质量轻，菊科植物种子还具有适应于风媒传播的冠毛，故这两科植物的种子能够通过风媒迅速向周围传播；蔷薇科植物如悬钩子属、樱属、草莓属的果实多为鸟类及兽类的食物，但其种子不易被消化，因此可以通过鸟类、兽类等的取食进行传播。由此可知，蔷薇科、菊科和禾本科植物是地震破坏迹地植被自然恢复过程中的主导者。

从地表植被覆盖度来看，2009年，地震破坏迹地上虽然已有部分植物生长，但植被覆盖度极低；2018年期间，调查区域除部分砾石堆积区和陡坡地带植被盖度较低（20%左右）外，绝大多数区域植被覆盖度都已在40%以上，且多数区域已形成明显的乔木层，干热河谷虽然少有乔木生长，但植被盖度也得到了较好的恢复。由此可知，植被恢复初期不同区域植被盖度的恢复情况和恢复能力存在一定的差异，但经过较长时间的恢复后，这种差异性将逐渐降低。

从群落组成和结构看，调查区域以灌丛和灌草丛最为丰富，群系数量达14个，阔叶林群系有4个，针叶林仅1个且为人工幼林。群落结构方面，除干旱河谷区域群落仅草本或灌草结合1个层次外，其余区域植物群落已经形成明显乔木—灌木—草本3个层次的结构。这表明，地震破坏迹地植物群落经过10年的积累后已得到了较好的恢复。滑坡在造成植被大面积损毁、栖息地破碎化加剧、生态系统服务功能退化等一系列负面影响的同时，在区域内群落多样性形成和保护以及自然植被的演替与更新等方面也起着积极的推动作用。地震破坏了原有群落的优势性，所形成的生态位空缺为区域内群落多样性的维持提供了重要的环境，这种空缺的形成和消亡促使着植被不断发育和更新，群落的物种组成和分布格局也相应发生变化。

人工辅助恢复措施的实施对受灾区域植被的恢复也起着极为重要的作用。野外实地调查发现，在村落附近的区域，由于采取了一定的人工辅助恢复措施，地震创面植被已得到了较好的恢复。如绵竹市玄郎沟已种植了大量的柳杉，且长势良好，已很难观察到滑坡痕迹；彭州市龙门山镇谢家店子等地低海拔区域也种植了较多的柳杉幼树；都江堰市龙池镇飞来峰附近种植的厚朴已有6 m之高；茂县威州镇姜维城附近的山坡平缓处已种植了葡萄、梨、苹果等，但受水热条件限制，长势一般。将本次野外调查结果与同一区域植被恢复文献资料进行比较后发现，地震受灾区域植物群落恢复过程中存在明显的群落替代现象，群落优势物种的替代现象在很大程度上取决于物种的生活史特征和环境适应能力。

5.4.2.5 植被恢复影响因素分析

地震破坏迹地上植物群落的自然恢复是一个极为复杂而漫长的生态学过程，受地形、气候、水分、土壤等非生物因子和物种特性、动物作用等生物因子的影响。

地形因子主要包括海拔、坡度、坡向等，这些因子对植被恢复的影响主要是通过对气候、土壤等因素间接造成的。高海拔区域气候条件较差，植被恢复缓慢。坡度较陡的区域土壤稀薄、有效水分含量低，植被恢复较为困难。在干旱半干旱地区，阴坡接受阳光照射较少，温度较低，水分蒸发量小，有利于植物的生长，因此阴坡的植被恢复好于阳坡；在湿润地区，阴坡和阳坡土壤湿度都较大，但阳坡接受阳光照射更多，有利于阳生植物的快速生长，因此其植被恢复好于阴坡。

植被的分布状况与区域内的气候特点尤其是温度和水分关系极为密切。不同的水热条件下，植被的分布特征和植物群落组成不同，受损植被的恢复能力也不同。比如在汶川县、茂县和平武县的干旱河谷生境，受水热条件的限制，自然植被主要为典型的干热河谷灌丛和稀树灌草丛，植被一旦被破坏后很难恢复；而在都江堰市、彭州市、绵竹市、绵阳市安州区等湿润山地和高山峡谷地带，由于水热条件适宜，天然植被生长茂密，植物群落受干扰破坏后能够较为快速地恢复。

土壤是决定干扰迹地植被能否恢复最为重要的因素之一，海拔、坡度、坡向等地形因子对植被的影响基本上都是通过对土壤层的影响来间接实现的。土壤层越深厚，植被的自然恢复能力也就越好；土壤层越贫瘠，即使是低强度的干扰也会使植被的恢复极为困难。

干扰后植被恢复初期，先锋植物扮演着极为重要的角色。先锋物种能够很好地适应干扰迹地恶劣的气候条件和贫瘠的水分、营养条件，且能够迅速地生长。因此，先锋物种在改善土壤基质、积累土壤养分、提高土壤肥力等方面都起着先锋的作用，对植物生长的有机环境和无机环境都有着明显的改善能力。在地震破坏迹地上，先锋物种对砾石环境和土壤侵蚀有着明显的促进和改善作用。

植被恢复与植物物种自身更新特性关系密切，尤其是在早期恢复阶段尤为明显。物种的繁殖方式、种子特征如种子质量、大小、形态、传播特征等对于迹地上植被的恢复有着重要的影响。演替早期主要以通过风媒传播的菊科和禾本科植物为群落的先锋物种和优势物种。本次调查也发现，菊科和禾本科植物是地震破坏迹地的先锋物种。

动物从多方面影响着植物群落的形成、分布和发展。土壤中的无脊椎动物在分解有机质、改善土壤理化性质等方面扮演着重要的角色，脊椎动物主要为植物传粉或种子传播的重要媒介。很多植物的传粉过程必须借助于昆虫或少数鸟类甚至一些小型爬行动物才能进行；很多种子植物也需要借助动物进行种子传播，如啮齿动物对核果、坚果等的搬运和储存，鸟类取食浆果或核果后种子随粪便排出、扩散，蚂蚁对种子的搬运，等等；有的物种还能通过种子所具有的钩刺等附着在动物体表进行远距离传播。

5.5　土壤营养元素分析

5.5.1　调查点位及样方设置

调查点位需要考虑以下几个原则，一是多样性，即调查点位体现灾区植被分区特征、不同的生态系统类型、不同的地质灾害类型；二是代表性，即调查点位突出生态环境问题以及灾后生态恢复示范；三是稳定性，确保监测数据的延续性；四是可操作性，调查点位应方便到达，易于操作。

通过实地考察，在每个极重县市选择了典型的受损点位和对照点位进行土壤理化性质测定，加上卧龙保护区，共25个点位。

5.5.2 受损体土壤营养物恢复监测

5.5.2.1 有机质

调查区受损点位和对照点位土壤有机质的质量分数如表5-5-1所示，不同县市受损点位和对照点位土壤有机质的对比情况如图5-5-1所示。

表5-5-1 有机质监测数据表

单位:%

类型	年份	彭州市	什邡市	绵竹市	绵阳市安州区	北川县	平武县	青川县	茂县	汶川县	都江堰市	平均值
受损	2011	2.37	1.21	5.28	2.42	3.52	0.7	0.44	14.74	4.95	0.32	3.6
	2012	1.58	1.41	3.18	2.69	2.18	5.08	0.78	2.49	6.57	6.72	3.27
	2018	1.26	1.7	5.38	1.37	2.32	1.74	0.908	0.598	1.3	2.71	1.93
	平均	1.74	1.44	4.61	2.16	2.67	2.51	0.71	5.94	4.27	3.25	2.93
对照	2011	4.9	6.72	6.19	2.96		4.23		0.83	0.99	6.43	4.16
	2012	7.21	7.31	5.43	1.68	2.62	2.24	1.51	11.95	1.57	5.08	4.66
	2018	5.35	8	7.57	4.6	4.81	0.668	9.85	6.23	5.96	10.7	6.37
	平均	5.82	7.34	6.4	3.08	3.72	2.38	5.68	6.34	2.84	7.4	5.06

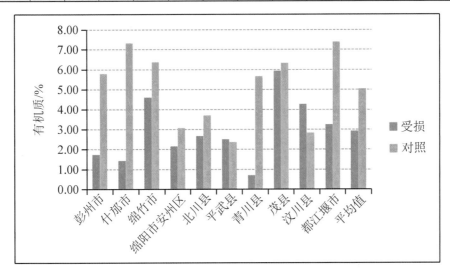

图5-5-1 不同县市土壤有机质

从图表中可以看出，调查区 10 个县市中有 8 个县市受损点位土壤有机质均低于对照点位，汶川县受损点位土壤有机质高于对照点位，平武县受损点位土壤有机质略高于对照点位。

从受损点位和对照点位的平均值来看，受损点土壤有机质的质量分数平均为 2.93%，对照点平均为 5.06%，对照点土壤有机质含量明显高于受损点。受损点位土壤有机质含量呈下降趋势，对照点位土壤有机质含量则呈上升趋势（见图 5 - 5 - 2）。可见，由于地震的影响，受损点位的土壤有机质还没有得到很好的恢复。

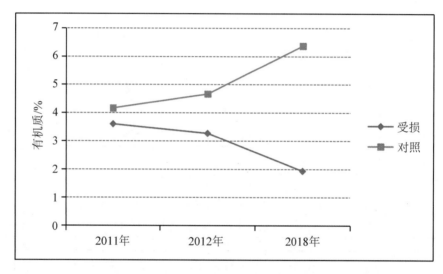

图 5 - 5 - 2　土壤有机质变化趋势图

5.5.2.2　速效氮

调查区受损点位和对照点位土壤速效氮的质量分数如表 5 - 5 - 2 所示，不同县市受损点位和对照点位土壤有机质的对比情况如图 5 - 5 - 3 所示。

表 5－5－2　速效氮监测数据表

单位：mg/kg

类型	年份	彭州市	什邡市	绵竹市	绵阳市安州区	北川县	平武县	青川县	茂县	汶川县	都江堰市	平均值
受损	2011	126	81	62	31	218	82	55	457	175	50	133.7
	2012	55	127	43	52	79	148	49	82	246	311	119.2
	2018	38	48	140	53	88	303	47	23	54	100	89.4
	平均	73	85.3	81.7	45.3	128.3	177.7	50.3	187.3	158.3	153.7	114.1
对照	2011	169	383	312	167		216		23	27	267	195.5
	2012	269	412	244	76	137	130	51	350	58	267	199.4
	2018	173	398	168	213	249	31	365	256	123	550	252.6
	平均	203.7	397.7	241.3	152	193	125.7	208	209.7	69.3	361.3	215.8

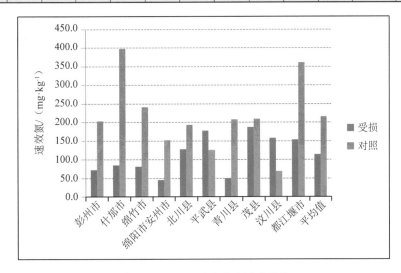

图 5－5－3　不同县市土壤速效氮

　　从图表中可以看出，调查区 10 个县区中有 8 个县区受损点位土壤速效氮均低于对照点位，只有平武县、汶川县受损点位土壤速效氮高于对照点位。

　　从受损点位和对照点位的平均值来看，受损点土壤速效氮的质量分数平均为 114.1 mg/kg，对照点平均为 215.8 mg/kg，对照点土壤速效氮含量明显高于受损点。受损点位土壤速效氮含量呈下降趋势，对照点位土壤速效氮含量则呈上升趋势（见图 5－5－4）。可见，由于地震的影响，土壤的结构被破坏之后还没有得到很好的恢复，从而导致受损点位土壤速效氮含量降低。

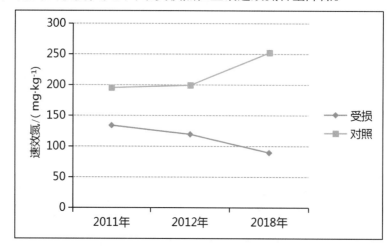

图 5-5-4　土壤速效氮变化趋势图

5.5.2.3　速效磷

调查区受损点位和对照点位土壤速效磷含量如表 5-5-3 所示，不同县市受损点位和对照点位土壤速效磷的对比情况如图 5-5-5 所示。

表 5-5-3　速效磷监测数据表

单位：mg/kg

类型	年份	彭州市	什邡市	绵竹市	绵阳市安州区	北川县	平武县	青川县	茂县	汶川县	都江堰市	平均值
受损	2011	1.1	1.7	未检出	未检出	21.8	2.5	14.9	7.1	1.9	0.5	6.44
	2012	4.3	23	1.9	1.5	1.9	34.9	9.1	1.3	1	6.7	8.56
	2018	2.5	11.6	5	7.3	8.5	4.7	8.5	1.4	6.8	7.6	6.39
	平均	2.63	12.1	3.45	4.4	10.73	14.03	10.83	3.27	3.23	4.93	7.13
对照	2011	16	12.4	8.3	0.4		13		未检出	2.1	3.2	7.91
	2012	89.4	10.5	30.6	1.5	1	9.6	15.3	1.9	1.5	1.7	16.3
	2018	70.5	11.3	8.7	3.5	70.1	0.8	180.7	5.1	4.3	9.9	36.49
	平均	58.63	11.4	15.87	1.8	35.55	7.8	98	3.5	2.63	4.93	20.23

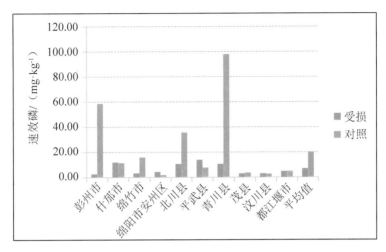

图 5-5-5 不同县市土壤速效磷

从图表中可以看出，调查区 10 个县市中有 6 个县市受损点位土壤速效磷均低于对照点位，什邡市、绵阳市安州区、平武县、汶川县受损点位土壤速效磷略高于对照点位。

从受损点位和对照点位的平均值来看，受损点土壤速效磷的质量分数平均为 7.13 mg/kg，对照点平均为 20.23 mg/kg，对照点土壤速效磷含量明显高于受损点。受损点位土壤速效磷含量总体呈下降趋势，对照点位土壤速效磷含量则呈上升趋势（见图 5-5-6）。可见，由于地震的影响，土壤的结构被破坏之后还没有得到很好的恢复，从而导致受损点位土壤速效磷含量降低。

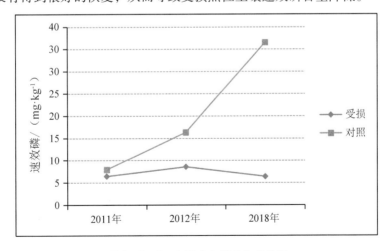

图 5-5-6 土壤速效磷变化趋势图

5.5.2.4 速效钾

调查区受损点位和对照点位土壤速效钾的质量分数如表 5-5-4 所示，不同县市受损点位和对照点位土壤速效钾的对比情况如图 5-5-7 所示。

表 5-5-4 速效钾监测数据表

单位：mg/kg

类型	年份	彭州市	什邡市	绵竹市	绵阳市安州区	北川县	平武县	青川县	茂县	汶川县	都江堰市	平均值
受损	2011	140	49	26	76	151	40	46	304	93	90	101.5
	2012	60	74	38	86	69	93	50	114	86	57	72.7
	2018	47	80	112	90	54	51	46	92	91	82	74.5
	平均	82.3	67.7	58.7	84	91.3	61.3	47.3	170	90	76.3	82.9
对照	2011	76	40	82	83		279		36	33	95	90.5
	2012	73	60	69	76	86	38	50	194	72	82	80
	2018	151	80	106	124	218	81	492	145	91	92	158
	平均	100	60	85.7	94.3	152	132.7	271	125	65.3	89.7	109.5

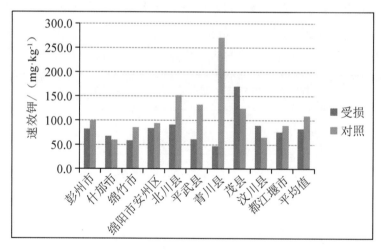

图 5-5-7 不同县市土壤速效钾

从图表中可以看出，调查区 10 个县市中有 7 个县市受损点位土壤速效钾均低于对照点位，什邡市、茂县、汶川县受损点位土壤速效钾略高于对照点位。

从受损点位和对照点位的平均值来看，受损点土壤速效钾的质量分数平均为 82.9 mg/kg，对照点平均为 109.5 mg/kg，对照点土壤速效钾含量明显高于受损点。受损点位土壤速效钾含量总体呈下降趋势，对照点位土壤速效钾含量则呈上升趋势，2012 年受损点和对照点的速效钾含量均偏低（见图 5 - 5 - 8）。可见，由于地震的影响，土壤的结构被破坏之后还没有得到很好的恢复，从而导致受损点位土壤速效钾含量降低。部分受损点位土壤速效钾有所恢复，但还有待进一步改良土壤结构，从而提高土壤速效钾含量水平。

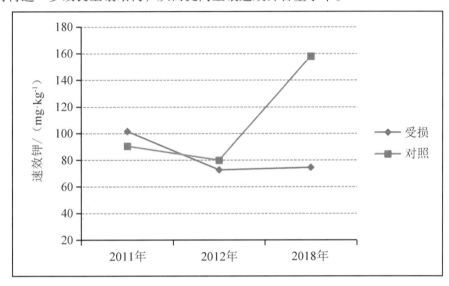

图 5 - 5 - 8 土壤速效钾变化趋势图

5.5.2.5 全氮

调查区受损点位和对照点位土壤全氮的质量分数如表 5 - 5 - 5 所示，不同县市受损点位和对照点位土壤全氮的对比情况如图 5 - 5 - 9 所示。

表 5 - 5 - 5 全氮监测数据表

单位：%

类型	年份	彭州市	什邡市	绵竹市	绵阳市安州区	北川县	平武县	青川县	茂县	汶川县	都江堰市	平均值
受损	2011	0.167	0.078	0.111	0.07	0.242	0.098	0.078	0.694	0.259	0.024	0.141 5
	2012	0.06	0.089	0.093	0.094	0.112	0.29	0.119	0.183	0.328	0.375	0.351 5
	2018	0.058	0.072	0.197	0.082	0.142	0.116	0.176	0.05	0.103	0.134	0.118 5
	平均	0.095	0.08	0.134	0.082	0.165	0.168	0.124	0.309	0.23	0.178	0.204

续表5－5－5

类型	年份	彭州市	什邡市	绵竹市	绵阳市安州区	北川县	平武县	青川县	茂县	汶川县	都江堰市	平均值
对照	2011	0.292	0.327	0.254	0.169		0.274		0.067	0.053	0.34	0.196 5
	2012	0.342	0.352	0.206	0.096	0.158	0.277	0.139	0.642	0.095	0.257	0.176
	2018	0.249	0.397	0.224	0.255	0.33	0.058	0.514	0.371	0.272	0.496	0.384
	平均	0.294	0.359	0.228	0.173	0.244	0.203	0.327	0.36	0.14	0.364	0.252

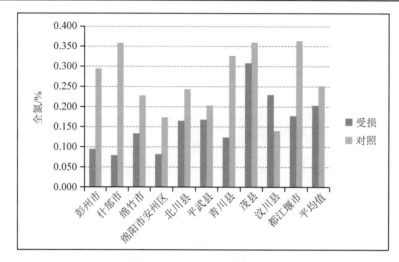

图5－5－9　不同县市土壤全氮

从图表中可以看出，调查区10个县市中有9个县市受损点位土壤全氮均低于对照点位，只有汶川县受损点位土壤全氮含量高于对照点位。

从受损点位和对照点位的平均值来看，受损点土壤全氮的质量分数平均为0.204%，对照点平均为0.252%，对照点土壤全氮含量明显高于受损点。受损点位土壤全氮含量总体呈下降趋势，对照点位土壤全氮含量则呈上升趋势（见图5－5－10）。从2018年的监测结果看，对照点位土壤全氮含量明显高于受损点位。2012年受损点位土壤全氮含量偏高，可能是由于次生灾害的影响，附近全氮丰富的表土滑坡到了取样点。

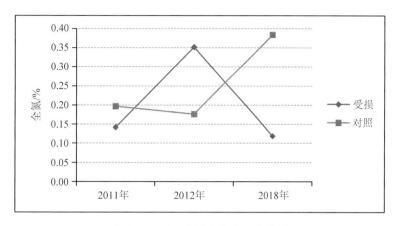

图 5-5-10   土壤全氮变化趋势图

5.5.2.6   全磷

调查区受损点位和对照点位土壤全磷的质量分数如表 5-5-6 所示，不同县市受损点位和对照点位土壤全磷的对比情况如图 5-5-11 所示。

表 5-5-6   土壤全磷监测数据表

单位:%

类型	年份	彭州市	什邡市	绵竹市	绵阳市安州区	北川县	平武县	青川县	茂县	汶川县	都江堰市	平均值
受损	2011	0.079	0.053	0.054	0.075	0.189	0.092	0.205	0.102	0.101	0.039	0.098 9
	2012	0.031	0.045	0.059	0.065	0.085	0.391	0.169	0.097	0.068	0.088	0.109 8
	2018	0.052 8	0.044 3	0.059 2	0.037 4	0.079 6	0.096 8	0.185	0.053 5	0.065 3	0.044 3	0.071 8
	平均	0.054 3	0.047 4	0.057 4	0.059 1	0.117 9	0.193 3	0.186 3	0.084 2	0.078 1	0.057 1	0.093 5
对照	2011	0.147	0.125	0.069	0.058		0.177		0.077	0.045	0.135	0.104 1
	2012	0.141	0.129	0.088	0.044	0.080	0.257	0.231	0.118	0.052	0.057	0.119 7
	2018	0.195	0.082 2	0.048 2	0.056 5	0.098 9	0.020 9	0.2	0.099 7	0.068 7	0.154	0.102 4
	平均	0.161 0	0.112 1	0.068 4	0.052 8	0.089 5	0.151 6	0.215 5	0.098 2	0.055 2	0.115 3	0.108 7

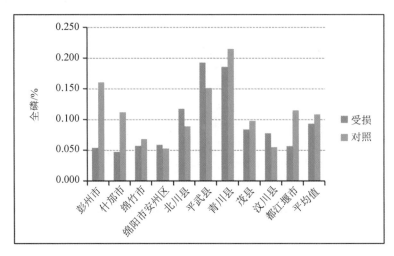

图 5-5-11　不同县市土壤全磷

从图表中可以看出，调查区 10 个县市中有 6 个县市受损点位土壤全磷均低于对照点位，绵阳市安州区、北川县、平武县、汶川县 4 个县区受损点位土壤全磷含量高于对照点位。

从受损点位和对照点位的平均值来看，受损点土壤全磷的质量分数平均为 0.093 5%，对照点平均为 0.108 7%，对照点土壤全磷含量明显高于受损点。受损点位和对照点位土壤全磷含量总体均呈下降趋势，且受损点位下降趋势更明显（见图 5-5-12）。

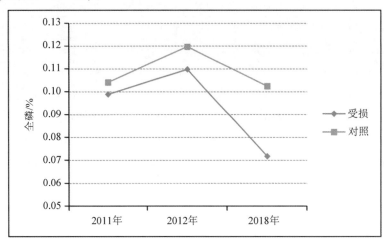

图 5-5-12　土壤全磷变化趋势图

5.5.2.7　全钾

调查区受损点位和对照点位土壤全钾的质量分数如表5-5-7所示，不同县市受损点位和对照点位土壤全钾的对比情况如图5-5-13所示。

表5-5-7　土壤全钾监测数据表

单位：%

类型	年份	彭州市	什邡市	绵竹市	绵阳市安州区	北川县	平武县	青川县	茂县	汶川县	都江堰市	平均值
受损	2011	2.42	2.22	1.18	2.32	2.25	2.55	0.89	2.51	1.95	2.94	2.123
	2012	3.38	1.95	1.45	2.62	2.79	1.25	2.03	3.53	1.71	2.42	2.313
	2018	2.83	2.466	1.62	1.275	2.581	2.717	2.513	2.13	1.48	2.788	2.24
	平均	2.877	2.212	1.417	2.072	2.54	2.172	1.811	2.723	1.713	2.716	2.225
对照	2011	2.37	1.83	1.47	2.08		2.69		3.43	1.79	2.8	2.308
	2012	2.57	2.08	1.62	2.45	2.48	1.45	1.34	2.51	1.72	2.1	2.032
	2018	1.929	1.487	1.656	2.181	2.056	2.18	1.976	2.929	1.645	2.094	2.013
	平均	2.29	1.799	1.582	2.237	2.268	2.107	1.658	2.956	1.718	2.331	2.118

从图表中可以看出，调查区10个县市中有7个县市受损点位土壤全钾均高于对照点位，绵竹市、绵阳市安州区、茂县3个县市受损点位土壤全钾含量低于对照点位。

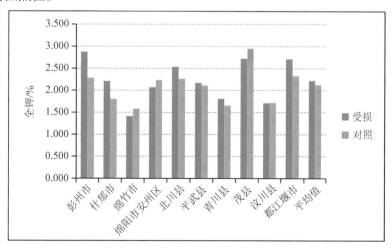

图5-5-13　不同县市土壤全钾

从受损点位和对照点位的平均值来看，受损点土壤全钾的质量分数平均为2.225%，对照点平均为2.118%，对照点土壤全钾含量明显低于受损点。对照点位土壤全钾含量呈下降趋势，受损点位土壤全钾含量和2011年相比有一定程度的上升，从2012年和2018年的监测结果看，土壤全钾含量均高于对照点位（见图5-5-14）。

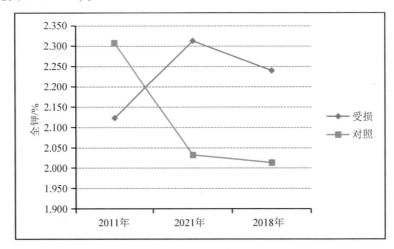

图5-5-14　土壤全钾变化趋势图

5.5.3　土壤养分变化综合分析

5.5.3.1　受损点与对照点土壤营养元素差异分析

根据对各县采样点土壤营养元素全氮、全磷、全钾、有机质综合状况分析，对照点土壤营养元素综合肥力状况大多优于受损点，北川、青川两县样点表现尤为明显。位于干旱河谷的汶川样点，受损点土壤肥力状况优于对照点，与其他县市表现不同。平武县受损点和对照点土壤肥力状况差别不大（见图5-5-15）。

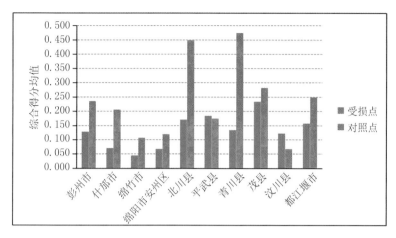

图 5 - 5 - 15　全量元素年度平均综合得分图

同样，通过对土壤速效养分速效氮、速效磷、速效钾的分析发现，除汶川县、茂县两个采样点外，对照点土壤速效养分的综合肥力状况优于受损点（见图 5 - 5 - 16）。

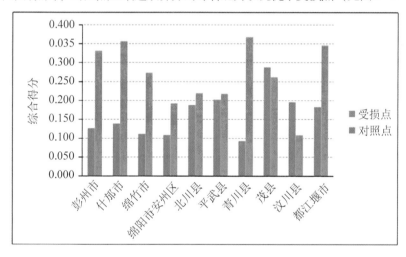

图 5 - 5 - 16　速效养分年度平均综合得分图

各县市受损点、对照点土壤有机质的差异与土壤速效养分综合评分结果类似，彭州市、什邡市、绵竹市、青川县、都江堰市土壤有机质含量在受损点下降明显（见图 5 - 5 - 17）。

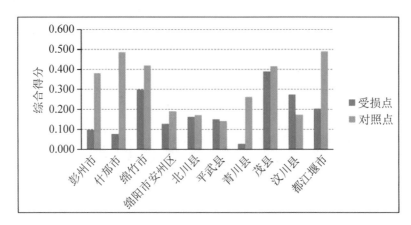

图 5 - 5 - 17　各县市土壤有机质综合得分图

5.5.3.2　受损点与对照点土壤营养元素年度变化

通过对极重灾区全量元素（全氮、全磷、全钾）和速效养分（速效氮、速效磷、速效钾）的综合分析发现，对照点土壤营养状况普遍优于受损点。

在震后整个生态恢复过程中（2011—2018 年），土壤全量元素变化分为两个阶段。2011—2012 年间，对照点含量总体下降，而受损点有所上升；2012—2018 年间，对照点与受损点的土壤全量元素变化趋势则相反，受损点总体下降，对照点则总体有所上升（见图 5 - 5 - 18）。

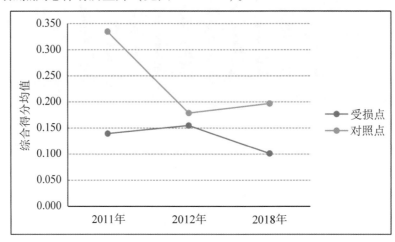

图 5 - 5 - 18　全量元素整体状况年度变化图

在震后整个生态恢复过程中（2011—2018 年），受损点的土壤速效养分整体状况呈现下降趋势，而对照点的土壤速效养分呈现总体上升趋势。在 2011 年，受损点速效养分整体状况要略高于对照点，可能由于植被损坏后造成的土壤裸露，加速了营养元素流失（见图 5 - 5 - 19）。

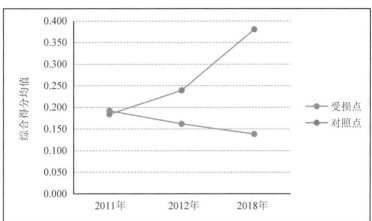

图 5 - 5 - 19　速效养分整体状况年度变化图

在震后整个生态恢复过程中（2011—2018 年），受损点、对照点土壤有机质变化趋势以及两者关系，与土壤速效养分变化趋势较为一致（见图 5 - 5 - 20）。

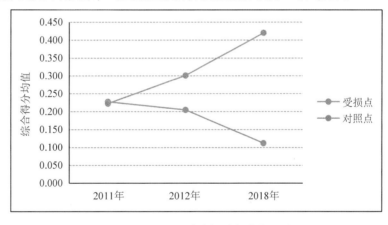

图 5 - 5 - 20　土壤有机质年度变化图

5.6　结论与建议

本研究范围涵盖汶川大地震极重灾区 10 个县市，时间上分 3 个阶段，前后跨度 10 年。利用遥感手段进行了生态系统结构、质量时空变化分析；利用地面调查的手段进行了植物样方调查和土壤养分测定及分析评价。根据研究结果，区域生态系统总体趋于稳定向好的恢复态势，但在生态恢复进程中，局部区域存在生态状况恶化压力。如 2019 年汶川 "8·20" 强降雨特大山洪泥石流灾害，导致汶川县水磨、漩口、三江、草坡等 12 个乡镇不同程度受灾。

受调查时间、天气、可达性等多种因素限制，现有学者对植被恢复过程长期观测较少①，且研究对象也多限于局地研究②③。本文研究区域较广，研究对象也涵盖植物恢复及土壤恢复，但也存在地面调查点位较少方面的不足。2018年在 24 个调查点共记录到植物 112 科 436 种。如进一步考察，植物种类应该还有极大的增长空间，对不同立地条件下土壤养分恢复状况的认识也将更为深入。

5.6.1　生态系统及植被恢复情况

从生态系统类型上看：震后十年，地震及其次生灾害原因造成的裸露地表面积有所减少，但仍高于震前。部分在地震中损坏的森林群落，仍未恢复到森林群落状态。另外，灾区内城镇建设面积持续增加，农田面积不断萎缩。从生态系统质量上来看：地震导致极重灾区的 GPP、LAI 均值在 2008—2010 两年间连续较大幅度下降；2010—2014 四年间 GPP、LAI 均值呈现剧烈变化，但总体呈现上升态势；2014 年以后两者持续缓慢上升，既说明了地震对生态系统的巨大影响，又反映了区域生态系统总体良好的恢复力。从空间分布来看，龙门山一带山前区域植被恢复状况良好，华西雨屏充沛的降水为植被的恢复提供了良好条件。茂县黑水河沿岸则因采用了人工措施，植被也得到了很好的恢复。

目前，生态系统总体趋于稳定向好的恢复态势。从地震破坏迹地样方调查结果来看：经过十年时间，地震破坏迹地生态系统群落结构已得到了较好的恢复。除干旱河谷区域群落仅草本或灌草结合 1 个层次外，其余区域植物群落已经形成明显乔木—灌木—草本 3 个层次的结构。从植物科属组成来看，经过十年的恢复后，地震破坏迹地植物种类明显增加，但种类组成仍以蔷薇科、菊科和禾本科等先锋物种为主，与 2009 年的调查结果相似。

5.6.2　土壤恢复情况

根据对各县采样点土壤机质含量以及土壤全量养分全氮、全磷、全钾的综

① 吴世祥，何聪，杨丹，王晨，刘守江. 2009—2018 年谢家店子震后滑坡体植被恢复研究［J］. 水土保持研究，2019，26（6）：235-248.

② 刘守江，张斌，杨清伟，等. 汶川大地震非规范滑坡体上植被的自然恢复能力研究：以彭州银厂沟谢家店子滑坡体为例［J］. 山地学报，2010，28（3）：373-378.

③ 李波，张曼，赵璐玲，等. 汶川大地震滑坡体自然植被恢复及影响因子：以龙溪-虹口自然保护区为例［J］. 应用与环境生物学报，2014，20（3）：468-473.

合分析，总体上对照点土壤肥力状况优于受损点，显示土壤肥力并未完全恢复。另外，通过对受损点全量元素（全氮、全磷、全钾）和速效养分（速效氮、速效磷、速效钾）的综合分析，以及土壤有机质含量分析，发现受损点土壤肥力状况仍呈持续恶化状态。

根据极重灾区 2011 年对照点和受损点速效养分的综合分析结果，地震造成的土壤裸露加速了土壤元素释放，有可能短期内会增加土壤速效养分含量，导致营养元素加速流失。对于干旱河谷地带矿化过程强烈的土壤来说，地震对地表的扰动造成土壤裸露，会加速土壤矿化过程，短期内造成受损点营养元素含量的增加，但长期来看，加速的矿化过程将导致营养元素的流失、土壤肥力的下降。另外，地震对地表的扰动导致植物残体与土壤的混合，可能是震后短期内土壤有机质增加的原因。

5.6.3 建议

极重灾区范围内，大多数地震受损创面已经得到一定程度的恢复，但处于演替初级阶段，种类组成以先锋植物为主，多样性不足，群落结构简单，尚未恢复到森林群落。不过已处于较为稳定的正向演替过程，生态系统质量逐步提高。

华西雨屏区充沛的降水为植被的恢复提供了良好条件，龙门山一带山前区域植被恢复状况总体良好，但也有局部地点反复遭受次生地质灾害的损毁。在加强地质灾害监管，预防次生灾害的基础上，区域植被可以自然恢复为主。而对于干旱河谷区域的受损点来说，区域降水稀少，蒸发量大于降水量，不利于植被自然恢复。因此，岷江沿岸有条件的区域可采取人工措施进行恢复。就土壤条件来看，震后受损点地表裸露加剧了土壤矿化，短期内可能改善了受损点土壤养分状况，但在相当长的一个时期来看，土壤肥力存在继续恶化的倾向。因此，在进行人工植被恢复时，可以采取一定措施，改善土壤养分条件，以促进植被恢复。"5·12"汶川大地震后，阿坝州按照"因地制宜，适地适树"基本原则，在茂县岷江及黑水河沿岸重点地段以乡土生态林树种为主，适当考虑经济林树种，选择抗逆性强、耐干旱、耐瘠薄、病虫害少、速生的树种，开展了一系列的生态治理、植被恢复工程项目。另外，加强了管护措施，修建了灌溉措施，并根据情况进行补植。从本次恢复状况调查评估结果来看，取得了良好效果，经验值得后期推广。成德绵城市群城市发展较快，城镇建设过程中应结合国土空间规划，加强国土空间管控，保护基本农田。同时，开发过程中应加强对生态保护红线，以及包括基本农田在内的各级各类保护地的监管，确保区域生物多样性功能不受人类活动因素的影响。汶川大地震极重灾区生态系统在震后遭到严重的破坏，震后十年得到了一定程度的恢复。安县、绵竹市、什邡市、彭州市、都江堰市等分布在东南部平原地带的县市生态系统以农田为主，震后十年农田面积持续少量减少；青川县、平武县、茂县、北川县、汶川县等分布在西部和北部山丘区域的县市生态系统以森林为主，震后十年有不同程度的增减，但是大部分未达到震前水平。此外，极重灾区城镇生态系统变化较明显，震后十年，除汶川县有少量增加，其余县市城镇生态系统均有较大幅度的增加。

经过 10 年时间恢复后，地震破坏迹地生态系统群落结构已得到了较好的恢复，除干旱河谷区域群落仅草本或灌草结合 1 个层次外，其余区域植物群落已经形成明显乔木—灌木—草本 3 个层次的结构；从植物科属组成来看，经过十年的恢复后，地震破坏迹地植物种类明显增加，但种类组成仍以蔷薇科、菊科和禾本科等先锋物种为主。

根据对各县采样点土壤营养元素全氮、全磷、全钾综合状况，土壤速效养分速效氮、速效磷、速效钾综合状况，以及有机质含量分析，总体上对照点土壤肥力状况优于受损点，显示土壤肥力并未完全恢复。另外，通过对受损点全量元素（全氮、全磷、全钾）和速效养分（速效氮、速效磷、速效钾）的综合分析，以及土壤有机质含量分析，发现受损点土壤肥力状况仍呈持续恶化状态。

根据极重灾区 2011 年对照点和受损点速效养分的综合分析结果，地震造成的土壤裸露加速了土壤元素释放，有可能短期内会增加土壤速效养分含量，导致营养元素加速流失。对于干旱河谷地带矿化过程强烈的土壤来说，地震对地表的扰动造成土壤裸露，会加速土壤矿化过程，短期内造成受损点营养元素含量的增加，但长期来看，加速的矿化过程将导致营养元素的流失、土壤肥力的下降。另外，地震对比表的扰动导致植物残体与土壤的混合，可能是震后短期内土壤有机质增加的原因。

汶川大地震极重灾区中部分县市处于中国西部泥石流、滑坡的活跃区，汶川大地震破坏严重，为历史罕见，生态系统恢复需要经历一个相当长的时期。近年来不断采取措施提升生态系统功能，生态系统在一定程度上得到了恢复。

但由于地震灾害所造成的生态系统破坏在短时间内具有潜伏性，也一定程度上减缓了生态系统的恢复。生态系统格局研究可有效指导汶川大地震极重灾区生态系统恢复，其中龙门山前华西雨屏一带，在加强地质灾害监管，预防次生灾害的基础上，自然植被坚持自然恢复为主；干旱河谷区域可以按照"因地制宜，适地适树"原则，采取适当人工恢复措施，同时注意改善土壤养分条件，促进植被恢复。生态系统恢复需要构建长期的震区生态恢复监测网络，定期收集生态恢复数据，加强对生态系统现状和恢复过程的监测，掌握极重灾区生态恢复的各种影响因子，持续有效地关注极重灾区各县市的生态恢复效应，使生态恢复后的生态系统能够处于稳定高效的状态。

6 震后十年生态重要性现状评估

生态系统生产总值（GEP）是指一定区域在一定时间内生态系统为人类福祉和经济社会可持续发展提供的产品与服务及其价值的综合，包括生态系统产品价值、生态调节服务价值和生态文化服务价值①。GEP核算以生态系统提供的产品和服务评估为基础，是定量评估生态保护成效的有效途径②，当前已是国际生态学和生态经济学研究的前沿领域。

相比于GDP而言，GEP是一个能够系统全面反映生态系统相关功能价值的指标，最大的改进在于将生态系统产品和服务的相关价值进行计量，因此可以明确生态系统所提供的产品和服务在经济社会发展中的支撑作用。

关于GEP核算，一般认为核算的重点是产品和服务的经济价值，而不是生态系统资产的经济价值；据已有研究成果，生态调节服务是生态系统最主要的生态服务类型，生态系统调节服务的价值大大超过直接价值③④，占GEP的

---

① 欧阳志云，朱春全，杨广斌，等. 生态系统生产总值核算：概念、核算方法与案例研究 [J]. 生态学报，2013，33（21）：6747-6761.

② 高吉喜，范小杉. 生态资产概念、特点与研究趋向 [J]. 环境科学研究，2007（5）：137-143.

③ 朱万泽，范建容，王玉宽，等. 长江上游生物多样性保护重要性评价——以县域为评价单元 [J]. 生态学报，2009，29（5）：2603-2611.

④ 王莉雁，肖燚，欧阳志云，等. 国家级重点生态功能区县生态系统生产总值核算研究——以阿尔山市为例 [J]. 中国人口·资源与环境，2017，27（3）：146-154.

70%以上，甚至近90%①②。因此，本研究将以生态系统调节服务经济价值核算来估算极重灾区 GEP。以货币的形式直观地展现生态系统服务功能的价值，可以直观评价各类生态保护项目实施效果，提高人们的生态文明意识，为制定后续生态保护和经济发展政策提供科学依据，最终促进长江流域和汶川大地震极重灾区生态环境保护。

6.1 估算方法及数据来源

依据欧阳志云等构建的核算框架体系，前期进行了四川省生态系统生态总值核算，调节服务核算指标及方法③（见表6-1-1）。生态服务功能计算方法参见前期研究成果④，价值量核算方法见参考文献⑤⑥，数据处理方法见参考文献⑦。计算各县平均值时，统计单元为 90×90 米的栅格。

植被覆盖、NPP 数据来自环保部卫星中心，土壤矢量及相应土壤类型容重、质地组成数据来自南京土壤所 1∶100 万土壤数据，降水、蒸散发等气象数据来自中国气象数据共享网，河流、湖库矢量数据来自测绘局，社会经济数据来自《四川省统计年鉴》。

① 王莉雁，肖燚，欧阳志云，等. 国家级重点生态功能区县生态系统生产总值核算研究——以阿尔山市为例 [J]. 中国人口·资源与环境，2017，27（3）：146-154.

② 徐婷，徐跃，江波，等. 贵州草海湿地生态系统服务价值评估 [J]. 生态学报，2015，35（13）：4295-4303.

③ 马国霞，於方，王金南，等. 中国2015年陆地生态系统生产总值核算研究 [J]. 中国环境科学，2017，37（04）：1474-1482.

④ 杨渺，谢强，方自力，刘孝富，廖蔚宇，王萍. "5·12"汶川大地震极重灾区生态服务功能恢复总体评估 [J]. 长江流域资源与环境，2016，25（4）：685-694.

⑤ 赖敏，吴绍洪，戴尔阜，等. 三江源区生态系统服务间接使用价值评估 [J]. 自然资源学报，2013，28（1）：38-50.

⑥ 王继国. 艾比湖湿地调节气候生态服务价值评价 [J]. 湿地科学与管理，2007（2）：38-41.

⑦ 刘乙淼，陈艳梅，胡引翠. 长江流域土壤保持能力时空特征 [J]. 长江流域资源与环境，2015，24（6）：971-977.

表6-1-1　生态系统生产总值（GEP）调节服务核算指标体系

核算项目	功能量核算指标	GEP 价值量核算方法
土壤保持①②	减少土地面积损失的价值	机会成本法
	减少泥沙淤积的价值	工程替代法
	减少土壤肥力损失的价值	替代市场法
固碳③④	固定二氧化碳价值量	价格替代法
释氧⑤⑥	释放氧气价值量	价格替代法
水源涵养⑦	水源涵养价值量	成本替代法

6.2　土壤保持功能

6.2.1　土壤保持功能评估

汶川大地震对土壤保持功能的影响十分显著，通过土壤保持功能评估模型对汶川大地震极重灾区土壤保持功能进行核算，结果表明，极重灾区生态系统土壤保持总量为2.718亿 m³/a。极重灾区土壤保持功能减少泥沙淤积量空间分异见图6-2-1。从空间分布上来看，极重灾区土壤保持功能减少泥沙淤积量大部分处于中度水平。

---

① 杨渺，谢强，谭晓蓉，等．基于 GIS/RS 的地震灾区流域水土保持功能恢复效应评价[J]．四川环境，2013，32（01）：39-45．

② 肖强，肖洋，欧阳志云，等．重庆市森林生态系统服务功能价值评估 [J]．生态学报，2014，34（01）：216-223．

③ 李晶，任志远．基于 GIS 的陕北黄土高原土地生态系统固碳释氧价值评价 [J]．中国农业科学，2011，44（14）：2943-2950．

④ 刘博杰，逯非，王效科，等．中国天然林资源保护工程温室气体排放及净固碳能力 [J]．生态学报，2016，36（14）：4266-4278．

⑤ 马国霞，於方，王金南，等．中国 2015 年陆地生态系统生产总值核算研究 [J]．中国环境科学，2017，37（04）：1474-1482．

⑥ 杨渺，谢强，方自力，等．松潘县生态安全格局评价及生态保护红线区划研究[J]．四川环境，2017，36（03）：25-33.28．

⑦ 王继国．艾比湖湿地调节气候生态服务价值评价 [J]．湿地科学与管理，2007（02）：38-41．

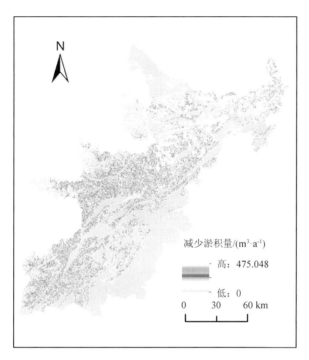

图6-2-1 汶川大地震极重灾区土壤保持功能减少泥沙淤积量

　　经过核算，汶川大地震极重灾区土壤全氮、全磷含量的空间分布见图 6-2-2；极重灾区因土壤保持功能减少氮面源污染功能量为 0.039 亿 t/a，减少磷面源污染功能量为 0.014 亿 t/a，其空间分异见图 6-2-3。

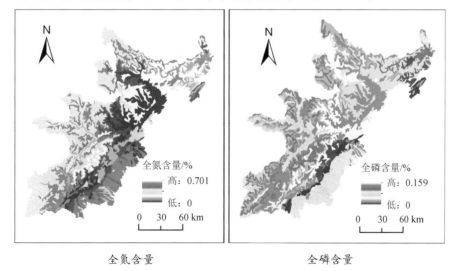

全氮含量　　　　　　　　　　　　全磷含量

图6-2-2 汶川大地震极重灾区土壤全氮、全磷含量空间分布

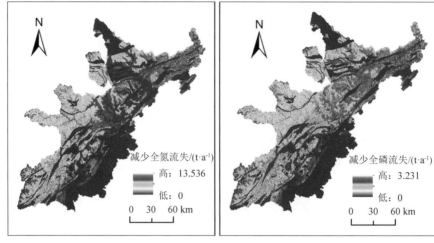

减少全氮流失　　　　　　　　　减少全磷流失

图6-2-3　汶川大地震极重灾区土壤保持功能减少全氮、全磷面源污染功能量

6.2.2　土壤保持价值评估

　　汶川大地震极重灾区土壤保持功能减少泥沙淤积的价值达到232.368亿元/a，汶川大地震极重灾区土壤保持功能价值较高的区域主要位于汶川县和北川县，空间分异见图6-2-4。

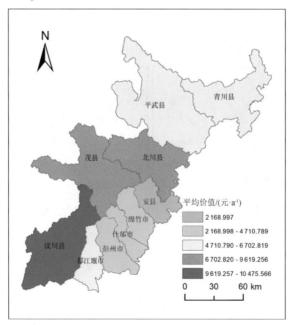

图6-2-4　汶川大地震极重灾区土壤保持功能减少泥沙淤积平均价值

减少氮面源污染价值为 58.395 亿元/a，减少磷面源污染价值为 34.301 亿元/a，空间分异见图 6-2-5。因此，减少面源污染总价值为 92.696 亿元/a。汶川大地震极重灾区具有重要减少全氮流失的生态功能分散于茂县、汶川县、平武县西北区，而减少磷面源污染价值较高的区域集中在岷山邛崃山脉。

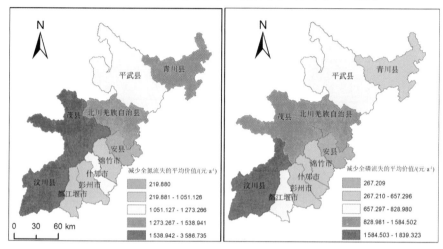

减少全氮流失价值　　　　　　　减少全磷流失价值

图 6-2-5　汶川大地震极重灾区土壤保持功能减少氮、磷面源污染平均价值

6.2.3　综合价值评估

综合减少泥沙淤积和减少面源污染两个方面，汶川大地震极重灾区土壤保持价值为 232.368 亿元/a（见表 6-2-1）。

表 6-2-1　汶川大地震极重灾区生态系统土壤保持功能价值表

类别		功能量/ (亿 t·a⁻¹)	价格	价值量/ (亿元·a⁻¹)	总价值量/ (亿元·a⁻¹)
减少泥沙淤积		2.718	85.5 元/m³	232.368	232.368
减少面源 污染	减少氮面源污染	0.039	1500 元/t	58.395	92.696
	减少磷面源污染	0.014	2500 元/t	34.301	
合计			－	－	325.085

6.3 水源涵养功能

6.3.1 水源涵养服务功能评估

水源涵养是生态系统的重要服务功能之一，采用水源涵养服务功能评估模型对汶川极重灾区水源涵养服务功能进行核算，汶川大地震极重灾区生态系统水源涵养总量为 52.69 亿 m^3，其空间分异见图 6 - 3 - 1。

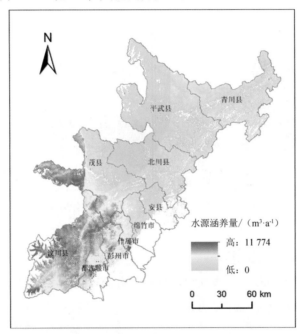

图 6 - 3 - 1　汶川大地震极重灾区水源涵养功能水源涵养量

6.3.2 水源涵养服务价值评估

经核算，汶川大地震极重灾区水源涵养的价值为 459.477 亿元/a、价值量较高的地方主要在安县、都江堰市、什邡市、彭州市，空间分异见图 6 - 3 - 2。

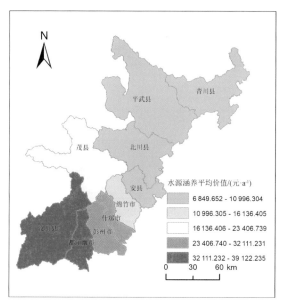

图 6-3-2　汶川大地震极重灾区水源涵养功能价值

6.4　固碳释氧功能

6.4.1　固碳释氧服务功能评估

经计算，汶川大地震极重灾区生态系统 NPP 总量为 5.793 亿 t/a，土壤呼吸量为 1.836 亿 t/a，空间分异见图 6-4-1；因此汶川大地震极重灾区固定二氧化碳量为 14.532 亿 t/a，氧气释放量为 10.573 亿 t/a。

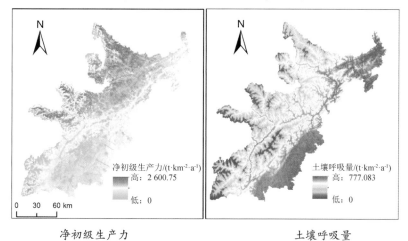

净初级生产力　　　　　　　　　　　土壤呼吸量

图 6-4-1　汶川大地震极重灾区净初级生产力、土壤呼吸量

6.4.2 固碳释氧服务价值评估

经核算，汶川大地震极重灾区生态系统年固碳价值 3 656.186 亿元，年释放氧气价值 11 650.219 亿元，空间分异见图 6-4-2，固碳释氧功能价值表见表 6-4-1。

表 6-4-1 汶川大地震极重灾区生态系统固碳释氧功能价值表

类别	功能量/（亿 t·a^{-1}）	价值量/（亿元·a^{-1}）
固碳功能（CO_2）	14.532	3 656.186
释氧功能	10.573	11 650.219
合计		15 306.405

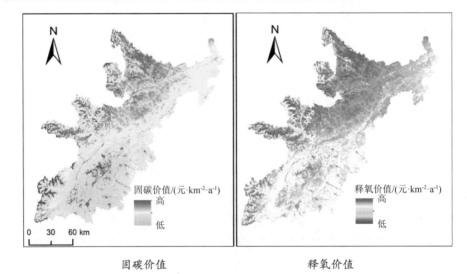

固碳价值　　　　　　　　　　　　　释氧价值

图 6-4-2 汶川大地震极重灾区固碳价值、释氧价值

6.5 生态系统服务功能及价值评估结果

汶川大地震极重灾区水源涵养功能量为 52.69 亿 m^3；土壤保持价值中，减少泥沙淤积的功能量为 2.718 亿 t，减少面源污染的功能量为 0.053 亿 t；固定二氧化碳 14.532 亿 t，释放氧气 10.573 亿 t。

汶川大地震极重灾区 GEP 调节服务价值为 16 090.95 亿元，其中水源涵养价值占比 2.9%，土壤保持价值占比 2% 左右，固碳释氧价值占比 95.1%（见表 6-5-1）。

表6-5-1 汶川大地震极重灾区生态系统调节服务功能量与价值量

核算项目	核算指标	功能量	价值量/亿元	合计价值/亿元
水源涵养	水源涵养	52.69 亿 m^3	459.477	459.477
土壤保持	减少泥沙淤积	2.718 亿/t	232.368	325.064
	减少面源污染	0.053 亿/t	92.696	
固碳释氧	固定二氧化碳	14.532 亿/t	3 656.186	15 306.405
	释放氧气	10.573 亿/t	11 650.219	
合计			16 090.95	16 090.95

从县市的分布来看，汶川大地震极重灾区生态系统调节服务资产价值在各个县市的分布不尽相同。其中，水土保持价值最高的三个县是汶川县、茂县、平武县，而水源涵养价值集中在北川县、彭州市、安县，固碳释氧价值较高的是平武县、茂县、青川县、北川县。其价值总和分别占汶川大地震极重灾区相应调节服务资产价值的61.96%、50.54%、79.71%（见表6-5-2）。

表6-5-2 各县市生态系统调节服务资产价值

单位：亿元

极重灾区	水土保持价值	水源涵养价值	固碳释氧	总和
安县	3.9	6.89	440.09	450.88
北川县	47.51	22.8	2 168.21	2 238.52
都江堰市	12.66	32.01	185.4	230.07
茂县	64.81	103.52	2 887.29	3 055.62
绵竹市	8.57	12.84	378.86	400.27
彭州市	9.66	25.83	196.32	231.81
平武县	57.21	44.81	4 960.55	5 062.57
青川县	34.73	37.76	2 183.94	2 256.43
什邡市	6.57	14.57	142.24	163.38
汶川县	79.29	158.45	1 763.5	2 001.24
总和	324.91	459.48	15 306.4	16 090.95

根据主成分分析结果。第一主成分解释了生态资产总变异的77.7%，正方

向代表了固碳释氧价值方向，负方向代表了水源涵养价值的方向，水源涵养价值与固碳释氧价值具有负向关系。第二主成分解释了总变异的21.2%，代表了生态资产的总体变化方向，可以看到平武县、茂县、汶川县总体生态资产价值较高。在生态资产类型上，平武县主要表现为固碳释氧价值，茂县主要表现为水土保持价值，汶川县则具有重要的水源涵养价值。位于龙门山前区域5个县市（安县、绵竹市、什邡市、彭州市、都江堰市）重要生态功能不突出。

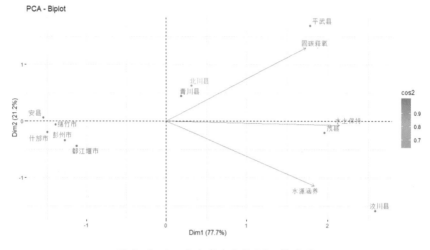

图6-5-1　生态资产价值 PCA 排序图

根据各县市在排序图（见图6-5-1）上所处的象限，可以把10个县市大致分为3种类型（见表6-5-3）。北部区域以固碳释氧为主，河谷区域以水源涵养为主。山前区域总体生态资产价值不突出。龙门山前几个县市具有明显地理分异，西北山区为生物多样性重要分布区，而东南部为平原，泾渭分明。

表6-5-3　各县市生态系统调节服务资产类型

区域	生态资产类型	包括县市
北部区域	固碳释氧、水土保持	平武县、北川县、青川县
河谷区域	水源涵养、水土保持	茂县、汶川县
山前区域	功能不突出	安县、绵竹市、什邡市、彭州市、都江堰市

6.6 小结

依据固碳释氧价值、水土保持价值、水源涵养价值估算，汶川大地震极重灾区 GEP 调节服务价值为 16 090.95 亿元，其中水源涵养价值占比 2.9%，土壤保持价值占比 2% 左右，固碳释氧价值占比 95.1%。从县市的分布来看，汶川大地震极重灾区生态系统调节服务资产价值在各个县市的分布不尽相同。其中，水土保持价值最高的三个县是汶川县、茂县、平武县，而水源涵养价值集中在北川县、彭州市、安县，固碳释氧价值较高的是平武县、茂县、青川县、北川县。其价值总和分别占汶川大地震极重灾区相应调节服务资产价值的 61.96%、50.54%、79.71%。

汶川大地震极重灾区所处位置介于川西北高原与成都平原的过渡地带，生态功能极其重要，也极为脆弱。盆周山地同样也承载着生态和经济发展的双重压力。区域可以充分利用自身生态资源优势，大力发展旅游业、特色林产业，把生态优势转化为发展优势。

7 震后十年生态脆弱性现状评估

本章主要从地质灾害点分布及其危险性评价和土壤侵蚀敏感性两方面展开对生态环境脆弱性的评估，详细介绍了数据来源，重点开展了汶川大地震极重灾区生态脆弱性空间分异的评估。

7.1 数据来源及评价方法

7.1.1 数据来源

生态环境敏感性评价所需气象数据来自四川省气象局，土壤矢量数据、属性数据（土壤机械组成、土壤有机质含量）来自南京土壤所 1 : 400 万土壤类型图及《四川土壤志》。生态环境状况评价中，土地利用数据源自 Landsat 卫星数据解译获得，NDVI 数据源自 MODIS 的 NDVI 数据产品加工获得，环境统计数据源自四川省环境保护厅。地质灾害点数据、城市开发边界、城市工业区边界数据源自国土厅、环境保护厅。

7.1.2 生态系统脆弱性评价方法

陆地生态环境敏感性评估一般主要包括水土流失敏感性、土地沙化敏感性、石漠化敏感性、盐渍化敏感性评估等。汶川大地震极重灾区脆弱性因素主要是水土流失敏感性，不涉及土地沙化和盐渍化、石漠化[①]。另外，地质灾害因素是构成汶川大地震极重灾区脆弱性的重要因素，通过现有地质灾害分布资

---

① 赵珂，饶懿，王丽丽，刘玉. 西南地区生态脆弱性评价研究——以云南、贵州为例 [J]. 地质灾害与环境保护，2004（02）：38 - 42.

料评估区域生态脆弱性，并分析区域生态脆弱性特征。

7.2 汶川大地震极重灾区地质灾害特点

7.2.1 滑坡

汶川大地震极重灾区的次生灾害中，滑坡不仅数量多、分布广、规模大，而且发生的频率高，成灾概率大。其滑坡隐患点空间上具有分布广、带状集中的特点，主要沿北川—映秀断裂和江油—都江堰断裂呈带状分布，在青川县和平武县分布广而散，总量达到了 2 344 处（见图 7-2-1）。

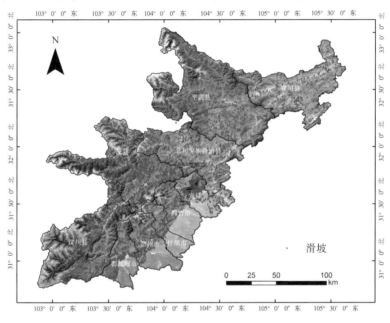

图 7-2-1 滑坡空间分布

其中，规模超过 1 000 万 m³ 的巨型滑坡隐患点有 6 处，主要分布在茂县，有 1 处在绵竹市；规模在 100 万~1 000 万 m³ 之间的大型滑坡隐患点有 55 处，主要分布在茂县、汶川县、都江堰市；规模在 10 万~100 万 m³ 之间的中型滑坡隐患点有 327 处，主要分布在茂县、汶川县、都江堰市、北川县、平武县等；其余规模不超过 10 万 m³ 的小型滑坡隐患点，数量上达到了总数的 80% 以上，主要分布在安县、茂县、绵竹市、都江堰市、彭州市、什邡市、青川县。按滑坡隐患点分布数量来排序，茂县滑坡隐患点分布最多，有 488 处；其次为安县、都江堰市、汶川县，分别为 356 处、298 处、254 处（见图 7-2-2）。

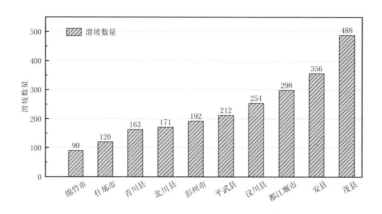

图 7-2-2　各县市滑坡数量

7.2.2　崩塌

汶川大地震引发的崩塌隐患点在空间分布上明显受到断层展布和地形地貌的控制。该区域以龙门山一线为界，西部高山深谷、东部地形平坦，西部的地形条件有利于崩塌的形成。大多数崩塌存在于龙门山中央断裂带上盘、崩塌的高密度区出现在断裂带的两端和中部地区（见图7-2-3）。

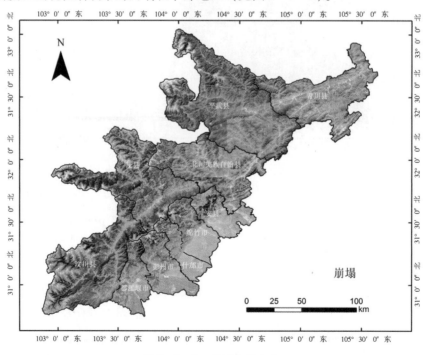

图 7-2-3　崩塌空间分布

其中，规模在100万~1 000万 m^3 之间的大型崩塌隐患点有12处，主要分布在茂县，有1处位于绵竹市清平乡；规模在10万~100万 m^3 之间的中型崩塌隐患点有43处，茂县有23处、彭州市有6处、北川县和绵竹市各4处、什邡市和汶川县各3处；其余规模不超过10万 m^3 的小型崩塌隐患点，数量上达到了总数的95%以上，主要分布在汶川县、茂县、都江堰市、彭州市。按崩塌隐患点分布数量来排序，汶川县崩塌隐患点分布最多，有307处；其次为茂县、都江堰市、彭州市，分别为263处、142处、119处（见图7-2-4）。

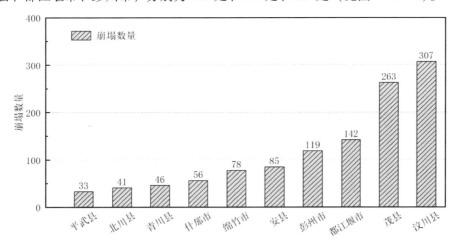

图7-2-4　各县市崩塌数量

7.2.3　泥石流

龙门山大部分区域为典型的高山峡谷地貌，东部迎风坡雨泽充沛，是四川著名的鹿头山暴雨区所在地；西部背风坡岷江河谷雨水稀少，气候干燥，但降雨集中，多局部性暴雨。该区域震前就是泥石流活跃区域，因此震后灾区降雨更容易诱发泥石流（见图7-2-5）。

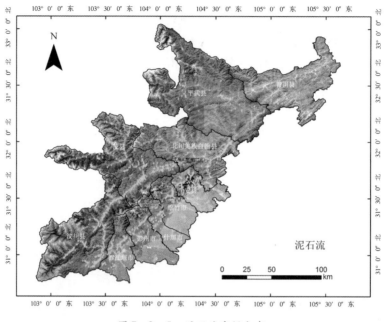

图7-2-5　泥石流空间分布

　　其中，规模在100万~1 000万 m³之间的大型泥石流隐患点有12处，安县有4处、绵竹市有3处、北川县有2处、都江堰市和彭州市及汶川县各1处；规模在10万~100万 m³之间的中型泥石流隐患点有153处，主要分布在安县、茂县、汶川县、彭州市、绵竹市；其余规模不超过10万 m³的小型泥石流隐患点，数量上达到了总数的80%以上，主要分布在汶川县、茂县、都江堰市、安县。按泥石流隐患点分布数量来排序，汶川县泥石流隐患点分布最多，有244处；其次为茂县、安县、都江堰市，分别为184处、158处、116处（见图7-2-6）。

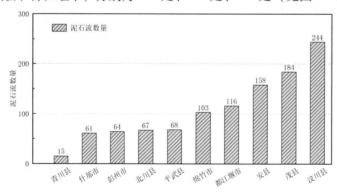

图7-2-6　各县市泥石流数量

7.2.4 不稳定斜坡

不稳定斜坡是指尚未处于极限平衡状态的斜坡。在地震、暴雨、坡脚卸载等外力作用下，可能发生滑坡、错落、表层溜坍或者崩塌等从而形成斜坡。汶川大地震引发众多山体大范围的震裂松动，极易形成不稳定斜坡。其主要沿地震带呈线性带状分布（见图7-2-7）。

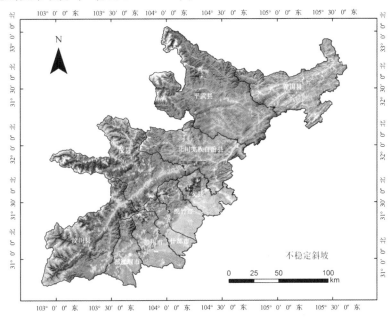

图7-2-7　不稳定斜坡空间分布

据统计，"5·12"汶川大地震导致极重灾区的不稳定斜坡共计1 003处。按不稳定斜坡数量排序，茂县不稳定斜坡分布数量最多，高达342处；其次是汶川县，有204处；彭州市有128处。这些不稳定斜坡在暴雨等外力作用下极易转化成泥石流、滑坡、崩塌等自然灾害（见图7-2-8）。

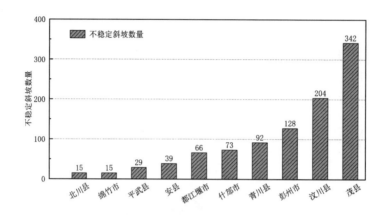

图7-2-8　各县市不稳定斜坡数量

7.2.5　地面塌陷

地面塌陷的实质是致塌力与抗塌力综合作用的结果，是在内外动力作用下岩石和图层发生变形。当地震发生时，岩土层发生破裂，其连续性遭到破坏，形成裂隙，在降雨的冲刷和侵蚀作用下继而发生塌陷（见图7-2-9）。

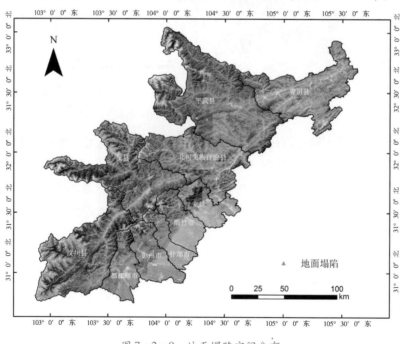

图7-2-9　地面塌陷空间分布

据统计，"5·12"汶川大地震造成的地面塌陷共计19处，主要分布在成都平原的彭州市 8 处、都江堰市 7 处，其次在安县发现 2 处，茂县和北川县各 1 处（见图 7 - 2 - 10）。

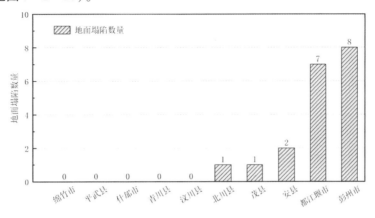

图 7 - 2 - 10 各县市地面塌陷数量

7.2.6 总体分布情况（见表 7 - 2 - 1）

2008 年 5 月 12 日 14 时 28 分，四川省汶川县映秀镇发生了里氏 8 级的地震。汶川强震区内人口和城镇分布相对集中的核心地带，震前植被盖度高，地质灾害主要以崩塌、滑坡地质灾害为主，震后转为以滑坡、泥石流活动为主要灾害。地震不仅引发了大量崩塌、滑坡等次生山地灾害，还进一步引发了泥石流、堰塞湖等链式灾害，地震地质灾害具有广泛性、群发性、持续性等特点，并形成灾害链效应。

表 7 - 2 - 1 地质灾害分布情况

序号	县市	滑坡	泥石流	崩塌	不稳定滑坡	地面塌陷	灾害点密度/ (个·100 km^{-2})
1	汶川县	254	244	307	204	0	24.74
2	青川县	163	15	43	92	0	9.59
3	北川县	171	67	41	15	1	9.58
4	平武县	212	68	33	29	0	5.74
5	彭州市	192	64	119	128	8	36.04
6	都江堰市	298	116	142	66	7	52.2
7	什邡市	120	61	56	73	0	37.76

续表7－2－1

序号	县市	滑坡	泥石流	崩塌	不稳定滑坡	地面塌陷	灾害点密度/（个·100 km⁻²）
8	绵竹市	90	103	78	15	0	23
9	安县	356	158	85	39	2	53.89
10	茂县	488	184	263	342	1	32.86
	合计	2 344	1 080	1 170	1 003	19	21.47

对汶川大地震及次生灾害的最新调查表明，汶川大地震极重灾区（茂县、汶川县、安县、都江堰市、彭州市、平武县、青川县、什邡市、北川县、绵竹市）的地质灾害隐患点共计5 616处，隐患点类型有：崩塌、不稳定斜坡、地面塌陷、滑坡、泥石流。从区域上看，其地质灾害明显呈带状，沿龙门山断裂带展布，并主要受龙门山中央的北川—映秀断裂控制，同时沿其后山的茂汶断裂以前山的江油—都江堰断裂呈线性分布。各灾种在不同地段发育的规模、频率差别较大。从灾害点数量来看，汶川大地震极重灾区次生灾害最多的是滑坡，多达2 344处；其次是崩塌、泥石流、不稳定斜坡，分别有1 170处、1 080处、1 003处；地面坍塌主要分布在彭州市和都江堰市，共计19处（见图7－2－11）。

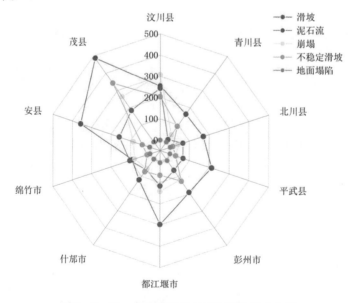

图7－2－11 各县市不同类型地质灾害点分布

7.3 基于加权信息量模型的区域地质灾害危险性评价

7.3.1 加权信息量模型

7.3.1.1 确定性系数法

（1）CF 值计算

确定性系数 CF 方法（Certainty Factor Method），用于研究影响某一事件发生的各类影响因子的敏感性。该方法最初是由 Shortliffe 和 Buchanan 提出的一类概率函数，后经由 Heckerman 加以改进。CF 法表达式为：

$$CF = \begin{cases} \dfrac{P_a - P_s}{P_s\,(1 - P_a)}, & P_a < P_s; \\[2mm] \dfrac{P_a - P_s}{P_a\,(1 - P_s)}, & P_a \geqslant P_s。 \end{cases} \qquad (7-1)$$

式中，P_a 为事件（本文为汶川大地震强震区次生地质灾害）在数据类 a 中发生的条件概率；P_s 为事件在整个研究区 A（本文为汶川大地震极重灾区）中发生的先验概率，即该事件发生的可能性。在实际地震滑坡影响因子敏感性分析应用中，P_a 代表 a 类中存在的地质灾害个数与该数据类面积的比值；P_s 可以表示为整个研究区域的地质灾害的个数与研究区面积的比值。

CF 值域范围 [-1, 1]。CF 值大于 0，表明该区域地质环境不稳，由孕灾地质条件控制的地质灾害发生的可能性较大，且越接近 1，地质灾害发生的可能性越大；当 CF 值等于 1 时，表明该区域一定会发生地质灾害；CF 值接近 0 或等于 0，表明该区域发生地质灾害的可能性居中，不能确定地质灾害发生与否，与该区域整体地质灾害发生概率相当；CF 值小于 0，表明该区域地质环境较为稳定，由孕灾地质条件控制的地质灾害发生的可能性较小，且越接近 -1，越不易发生地质灾害；当 CF 值等于 -1 时，表明该区域该分级下发生地质灾害的概率为 0。CF 值等于 1 或 -1 的状况只有在理想条件下才会出现，实际计算中只有个别单元会出现 CF 值为 1 或 -1。

（2）权重

$$W_i = CF\,(i, max) - (i, min) \qquad (7-2)$$

式中：$CF\,(i, max)$ 为因子 i 各分类对地质灾害发生的确定系数的最大值；$CF\,(i, min)$ 为因子 i 各分类对地质灾害发生的确定系数的最小值。

7.3.1.2 信息量模型法

信息量模型是由信息论发展而来的一种灾害危险性评价方法。早期被应用于探矿领域，后逐渐应用于地质灾害的空间预测和危险性评价。该模型以已知灾害区影响因子为依据，推算危害因子的信息量。其计算公式为：

$$I\ (Y,\ x_1x_2\cdots x_n)\ =\ln\frac{P\ (Y,\ x_1x_2\cdots x_n)}{P\ (Y)} \tag{7-3}$$

式中，$I\ (Y,\ x_1x_2\cdots x_n)$ 为影响因子组合 $x_1x_2\cdots x_n$ 对灾害所贡献的信息量；$P\ (Y,\ x_1x_2\cdots x_n)$ 为 $x_1x_2\cdots x_n$ 影响因子组合下灾害发生的条件概率；$P\ (Y)$ 为灾害发生的概率。根据条件概率可得：

$$I\ (Y,\ x_1x_2\cdots x_n)\ =I\ (Y,\ x_1)\ +I_{x_1}\ (Y,\ x_2)\ +\cdots +I_{x_1x_2\cdots x_{n-1}}\ (Y,\ x_n) \tag{7-4}$$

式中，$I_{x_1}\ (Y,\ x_2)$ 为因子 x_1 存在时因子 x_2 对灾害贡献的信息量。模型建立过程如下：

首先，计算单一因子 x_i 对灾害事件（H）提供的信息量 $I\ (x_i,\ H)$，即：

$$I\ (x_i,\ H)\ =\ln\frac{P\ (x_i\mid H)}{P\ (x_i)} \tag{7-5}$$

式中，$P\ (x_i\mid H)$ 为灾害分布下出现 x_i 的概率；$P\ (x_i)$ 为研究区内出现 x_i 的概率。而实际应用中，往往以样本频率的计算来替代烦琐复杂的理论计算。公式为：

$$I\ (x_i,\ H)\ =\ln\frac{N_i/N}{S_i/S} \tag{7-6}$$

式中，S 为研究区评价单元总数；N 为研究区灾害分布单元总数；S_i 为研究区评价因子 x_i 的单元总数；N_i 为分布在因子 x_i 的单元总数。

最终利用总信息量来表示该单元影响灾害发生的综合指标。

7.3.1.3 加权信息量

信息量模型是一类统计分析方法，能客观反映不同因子对地质灾害危险性的贡献程度。由于地质灾害发生原因复杂，各因素在整个过程中所起到的作用大小不一，信息量模型未考虑各评价因子在地质灾害发生过程中所起作用的大小，不能反映不同因子影响程度的差异。因此，为了更加科学合理地进行易发性分析，应考虑各个影响因子对地质灾害发生的"贡献度"，在地质灾害易发性的评价中常常和确定系数法、层次分析法以及逻辑回归方法等方法结合，赋予客观评价因子不同的权重，从而结合成加权信息量模型。本研究结合确定性系数法和信息量法的优点，确定最终模型为：

$$I_i = W \cdot \ln \frac{N_i/N}{S_i/S} \tag{7-7}$$

7.3.1.4 评价流程

具体的评价流程如图 7-3-1 所示：对研究区基础资料进行收集，根据研究区域的孕灾环境特征，选取对各类地质灾害作用较大的影响因子，建立切实可行的区域地质灾害危险性评价体系，最后完成区域地质灾害危险性评价，并对结果进行分析验证。

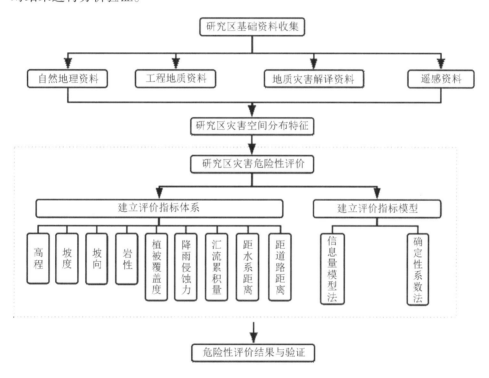

图 7-3-1 研究区地质灾害危险性评价流程图

7.3.2 地质灾害影响因子敏感性分析

7.3.2.1 评价因子选取及概率取值

区域性地质灾害危险性评价是衡量一个区域地质灾害危险性的基本尺度，需要将其与地质灾害危险性相关的评价因子耦合组建成危险性评价指标体系。因此，滑坡危险性评价的成败、精确程度，在很大程度上取决于评价指标体系是否合理有效。崩塌、滑坡、泥石流等地质灾害是地壳表层的地质变化产生的，带有突发性的特点。它们与区域环境的地形地貌、地质构造、气象水文、地震断层等因素紧密相关，总的来说可以划分为两类。

一是内部因子，是地质灾害的自然属性特征，是地震作用下诱发的基础；二是外部因子，是触发地质灾害的周边因素，使灾害的发生具有随机、迅时性。因此，准确开展复杂内外因子的选取工作十分必要，筛选出合理、可靠的崩塌滑坡危险性评价因子对将要展开的危险性评价尤为重要。

为了评价因子选取的全面性、科学性、可操作性，本文结合大量参考文献，综合考虑研究区地质环境条件、地质灾害数据库编录及空间分布特征，选取了高程、坡度、坡向、相对高差地层岩性、植被覆盖度、降雨侵蚀力、汇流累积量、距水系距离、距道路距离9类评价因子（见图7-3-2）。

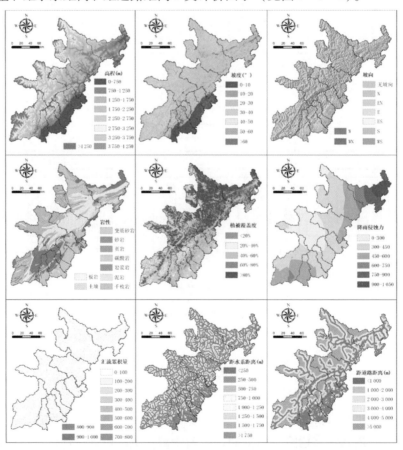

图7-3-2 研究区地质灾害危险性评价指标

（1）高程（见表7-3-1）

崩滑体数量在不同高程范围内的多少直接影响崩塌滑坡暴发的概率。海拔高度可以为滑坡体提供初始的势能条件，高差越大，获得的能量越多，在降雨等外界条件下诱发处于适当高程范围内的滑坡体。

表7-3-1 研究区高程因子 CF 值

高程/m	灾害点数量	分级面积/km²	P_a	P_s	CF
0~750	563	3 427.57	0.164 3	0.214 1	−0.194 5
750~1 250	2 618	4 512.15	0.580 2	0.214 1	0.495 9
1 250~1 750	1 384	4 676.56	0.295 9	0.214 1	0.217 4
1 750~2 250	662	3 311.13	0.199 9	0.214 1	−0.052 9
2 250~2 750	339	2 937.18	0.115 4	0.214 1	−0.407 7
2 750~3 250	38	2 761.52	0.013 8	0.214 1	−0.922 9
3 250~3 750	5	2 422.45	0.002 1	0.214 1	−0.988 3
3 750~4 250	1	1 418.23	0.000 7	0.214 1	−0.996
>4 250	2	746.01	0.002 7	0.214 1	−0.984 8

（2）坡度（见表7-3-2）

坡度（slope）是地表单元陡缓的程度，通常把坡面的垂直高度 h 和水平距离 l 的比叫作坡度（或叫作坡比），它能直接反映出滑坡体的倾斜程度。一般情况下，随着坡度的增加，自重力沿滑动面向下的分力增加，促使松散物质滑落向沟道汇集。依据国际地理学联合会地貌调查与地貌制图委员会关于地貌详图应用的坡地分类来划分坡度等级，规定：0°~0.5°为平原，0.5°~2°为微斜坡，2°~5°为缓斜坡，5°~15°为斜坡，15°~35°为陡坡，35°~55°为峭坡，55°~90°为垂直壁。汶川大地震极重灾区10县市位于青藏高原南缘、喜马拉雅山脉北麓，受造山运动和新构造运动抬升影响，区内山体高耸甚至直立，大多斜坡坡度大于15°，在后期河流下切作用下形成大量峡谷地貌，而这为滑坡和崩塌提供了良好的地形条件。一方面临空条件较好，具有较高的势能；另一方面在高地应力作用下，岩体向临空面发生卸荷回弹，容易形成崩滑体。

表 7－3－2　研究区坡度因子 CF 值

坡度/°	灾害点数量	分级面积/km²	P_a	P_s	CF
0～10	950	3 845.72	0.247	0.214 1	0.104 8
10～20	1 613	4 144.47	0.389 2	0.214 1	0.353 6
20～30	1 709	7 488.26	0.228 2	0.214 1	0.048 7
30～40	938	6 950.44	0.135	0.214 1	－0.319 8
40～50	328	2 874.23	0.114 1	0.214 1	－0.413 7
50～60	55	652.53	0.084 3	0.214 1	－0.555 2
＞60	19	257.14	0.073 9	0.214 1	－0.606 5

（3）坡向（见表 7－3－3）

坡向为坡面法线在水平面上的投影的方向（也可以通俗地理解为由高及低的方向）。坡向对于山地生态有着较大的作用。山地的方位对日照时数和太阳辐射强度均有影响。辐射收入南坡最多，其次为东南坡和西南坡，再次为东坡与西坡及东北坡和西北坡，最少为北坡。日照时长和辐射强度对植被的生长发育影响很大，因此间接影响了山地的植被覆盖，对其稳定性起了作用。坡向是地貌评价中的重要因子，能够规律地反映研究区滑坡体的分布规律。

表 7－3－3　研究区坡向因子 CF 值

坡向	灾害点数量	分级面积/km²	P_a	P_s	CF
N	501	2 836.79	0.176 6	0.214 1	－0.144 2
EN	698	3 199.48	0.218 2	0.214 1	0.014 7
E	1 016	3 672.01	0.276 7	0.214 1	0.177 8
ES	1 089	3 889.19	0.28	0.214 1	0.185
S	730	3 217.71	0.226 9	0.214 1	0.044 3
WS	552	3 128.63	0.176 4	0.214 1	－0.144 9
W	460	2 992.16	0.153 7	0.214 1	－0.238 6
WN	552	3 123.72	0.176 7	0.214 1	－0.143 7
无坡向	14	153.1	0.091 4	0.214 1	－0.520 5

（4）地层岩性（见表7-3-4）

地层岩性和岩土体结构是影响地质灾害发育的基础因素之一。在坡形（坡高和坡角）相同的情况下，岩土体愈坚硬，抗变形的能力愈强，则斜坡的稳定性愈好；反之，稳定性则愈差。所以，坚硬完整的岩石能形成稳定的高陡斜坡，而软弱岩石和土体只能维持低缓的斜坡。一般来说，岩石中含泥质成分愈高，抵抗斜坡变形破坏的能力则愈低。不同的地层结构发育的地质灾害数量、性质和类型也有不同，研究区主要出露地层有碳酸岩、岩浆岩、变质砂岩、泥岩、千枚岩、砂岩、页岩、板岩、土壤。坚硬、半坚硬岩组易形成崩塌地质灾害；泥岩、砂岩、千枚岩及第四系地层的坡积物、残坡积等易形成滑坡、不稳定斜坡等地质灾害；第四系松散堆积物，特别是坡积、残坡积、洪水堆积及冲洪积堆积的第四系易形成泥石流等地质灾害。

表7-3-4　研究区地层岩性因子CF值

地层岩性	灾害点数量	分级面积/km²	P_a	P_s	CF
碳酸岩	1 007	4 669.18	0.215 7	0.213 8	0.006 9
岩浆岩	500	3 389.72	0.147 5	0.213 8	-0.264 3
变质砂岩	724	6 441.79	0.112 4	0.213 8	-0.421
泥岩	231	849.09	0.272 1	0.213 8	0.168 4
千枚岩	121	666.26	0.181 6	0.213 8	-0.123 1
砂岩	1 418	2 142.26	0.661 9	0.213 8	0.532 3
页岩	125	282.09	0.443 1	0.213 8	0.406 9
板岩	1 393	5 564.11	0.250 4	0.213 8	0.114 9
土壤	93	2 247.26	0.041 4	0.213 8	-0.773

（5）植被覆盖度（见表7-3-5）

地震后滑坡活动变化受多种因子控制，在这些影响因子中，植被具有涵养水源的作用，是重要的环境因子。2008年5月，汶川大地震引发了大规模滑坡，破坏了约110 000 km²范围内的1 160 km²植被，并产生了5~15 km³的松散物质，研究区域性植被特征可以在一定程度上反映该区域地质环境状况，也可以作为指标检测和反映该区域物源活动变化。

表 7 - 3 - 5　研究区植被覆盖度因子 CF 值

植被覆盖度/%	灾害点数量	分级面积/km²	P_a	P_s	CF
<20	14	938.64	0.0149	0.2143	-0.9165
20~40	299	1 811.54	0.1651	0.2143	-0.1917
40~60	1 322	5 071.99	0.2606	0.2143	0.1399
60~80	2 995	8 618.44	0.3475	0.2143	0.3013
>80	982	9 752.72	0.1007	0.2143	-0.4767

（6）降雨侵蚀力（见表 7 - 3 - 6）

水文因子中，雨滴击溅分离土壤颗粒和降雨形成径流产生的搬运作用导致土壤侵蚀，降雨侵蚀力反映了降雨引起土壤侵蚀的这种潜在能力。

表 7 - 3 - 6　研究区降雨侵蚀力因子 CF 值

降雨侵蚀力	灾害点数量	分级面积/km²	P_a	P_s	CF
0~300	1 341	5 212.64	0.2573	0.2147	0.13
300~450	2 326	11 424.61	0.2036	0.2147	-0.0411
450~600	1 507	6 005.45	0.2509	0.2147	0.1135
600~750	162	1 186.44	0.1365	0.2147	-0.3143
750~900	211	1 342.26	0.1572	0.2147	-0.2257
900~1 050	65	969.64	0.067	0.2147	-0.6416

（7）汇流累积量（见表 7 - 3 - 7）

水文因子中，汇流累积量对地质灾害的发生也具有重要作用。地表径流一般由高往低处流动，土壤的含水量会随着汇流和下渗增多，汇流累积量是反映流水汇集的指标，其数值矩阵表示每一点的流水累积量，汇流累积量越大，该区域越容易发生地表径流。

表7-3-7 研究区汇流累积量因子 CF 值

汇流累积量	灾害点数量	分级面积/km²	P_a	P_s	CF
0~100	5 091	24 787.86	0.205 4	0.214 1	-0.032 3
100~200	126	453.07	0.278 1	0.214 1	0.180 9
200~300	46	179.72	0.256	0.214 1	0.128 5
300~400	27	102.49	0.263 4	0.214 1	0.147 2
400~500	34	67.41	0.504 3	0.214 1	0.452 3
500~600	9	49.93	0.180 3	0.214 1	-0.129 5
600~700	11	38.74	0.284	0.214 1	0.193 4
700~800	12	31.17	0.385	0.214 1	0.348 8
800~900	7	25.67	0.272 7	0.214 1	0.168 8
900~1 000	249	476.75	0.522 3	0.214 1	0.463 8

（8）距水系距离（见表7-3-8）

地质灾害点沿河流水系呈线性分布是地震触发地质灾害的一个显著特征。地质灾害密度一般与距水系距离呈负相关性，并具备局部体现性。河段沿线为一套中基性硬质侵入岩类，斜坡高陡、地貌突出部位多，导致地震动的地形放大效应极为显著，地质灾害极为发育。

表7-3-8 研究区距水系距离因子 CF 值

距水系距离/m	灾害点数量	分级面积/km²	P_a	P_s	CF
<250	3 239	7 446.05	0.435	0.214 8	0.397 5
250~500	1 152	6 572.33	0.175 3	0.214 8	-0.151 7
500~750	640	5 151.34	0.124 2	0.214 8	-0.369 2
750~1 000	362	3 490.61	0.103 7	0.214 8	-0.463 5
1 000~1 250	143	1 953.41	0.073 2	0.214 8	-0.610 9
1250~1 500	50	920.33	0.054 3	0.214 8	-0.706 5
1 500~1 750	18	379.94	0.047 4	0.214 8	-0.742 5
>1 750	8	213.22	0.037 5	0.214 8	-0.794 4

（9）距道路距离（见表7-3-9）

地震灾害的发育分布受人类工程活动影响较大，一般随着与公路距离的增加而减少。

表7-3-9　研究区距道路距离因子CF值

距道路距离 /m	灾害点数量	分级面积 /km²	P_a	P_s	CF
0~1 000	3 800	7 614.71	0.499	0.213 6	0.449 8
1 000~2 000	753	4 237.57	1 776.962 6	0.213 6	0.786 3
2 000~3 000	354	3 091.82	1 144.956 2	0.213 6	0.786 2
3 000~4 000	225	2 395.31	939.335 5	0.213 6	0.786 2
4 000~5 000	174	1 935.74	898.881 6	0.213 6	0.786 2
>5 000	306	6 997.64	437.29	0.213 6	0.786

7.3.2.2　确定权重

对各因子CF值量化，再利用公式（7-2）计算各评价因子权重，各因子权重表见表7-3-10。

表7-3-10　研究区评价因子权重表

评价因子	CF值最大值	CF值最小值	权重
高程	0.495 9	-0.996	1.5
坡度	0.353 6	-0.605 5	0.96
坡向	0.185	-0.520 5	0.71
地表岩性	0.532 3	-0.773	1.31
植被覆盖度	0.301 3	-0.916 5	1.22
降雨侵蚀力	0.13	-0.641 6	0.77
汇流累积量	0.463 8	-0.129 5	0.59
距水系距离	0.397 5	-0.794 4	1.19
距道路距离	0.786 3	0.449 8	0.34

7.3.2.3 影响因子信息量贡献值（见图7-3-3）

利用 ArcGIS 空间分析工具，得到研究区滑坡在不同因子分类中的面积，计算得到各影响因素对地质灾害发生"贡献"的信息量值，具体计算结果见表7-3-11至表7-3-19。

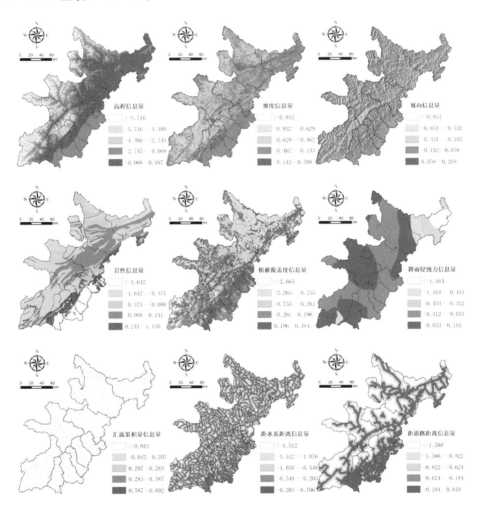

图7-3-3 影响因子信息量分级图

表7-3-11　高程因子信息量

高程/m	N_i	S_i	N_i/S_i（10^{-4}）	信息量值
0 ~ 750	563	3 808 414	1. 478 305 667	-0. 264 987 4
750 ~ 1 250	2 618	5 013 499	5. 221 901 909	0. 996 977 67
1 250 ~ 1 750	1 384	5 196 181	2. 663 494 593	0. 323 755
1 750 ~ 2 250	662	3 679 033	1. 799 385 871	-0. 068 438 59
2 250 ~ 2 750	339	3 263 533	1. 038 751 562	-0. 617 864 44
2 750 ~ 3 250	38	3 068 350	0. 123 845 063	-2. 744 608
3 250 ~ 3 750	5	2 691 610	0. 018 576 242	-4. 641 755 81
3 750 ~ 4 250	1	1 575 806	0. 006 345 959	-5. 715 821 09
>4 250	2	828 904	0. 024 128 246	-4. 380 256 09

表7-3-12　坡度因子信息量

坡度/°	N_i	S_i	N_i/S_i（10^{-4}）	信息量值
0 ~ 10	950	4 273 019	2. 223 252 459	0. 143 087 18
10 ~ 20	1 613	4 604 963	3. 502 742 584	0. 597 662 24
20 ~ 30	1 709	8 320 294	2. 054 013 957	0. 063 911 89
30 ~ 40	938	7 722 714	1. 214 598 909	-0. 461 470 11
40 ~ 50	328	3 193 588	1. 027 057 967	-0. 629 185 64
50 ~ 60	55	725 036	0. 758 583 022	-0. 932 187 04
>60	19	285 716	0. 664 996 01	-1. 063 858 25

表7-3-13　坡向因子信息量

坡向	N_i	S_i	N_i/S_i（10^{-4}）	信息量值
N	501	3 151 993	1. 589 470 535	-0. 192 483 05
EN	698	3 554 975	1. 963 445 594	0. 018 816 87
E	1 016	4 080 013	2. 490 188 144	0. 256 474 25

续表7－3－13

坡向	N_i	S_i	N_i/S_i（10^{-4}）	信息量值
ES	1 089	4 321 319	2. 520 063 897	0. 268 400 24
S	730	3 575 235	2. 041 823 824	0. 057 959 43
WS	552	3 476 255	1. 587 915 731	－ 0. 193 461 72
W	460	3 324 622	1. 383 615 942	－ 0. 331 183 69
WN	552	3 470 804	1. 590 409 6	－ 0. 191 892 42
无坡向	14	170 114	0. 822 977 533	－ 0. 850 710 39

表7－3－14　地层岩性因子信息量

地层岩性	N_i	S_i	N_i/S_i（10^{-4}）	信息量值
碳酸岩	1 007	5 187 977	1. 941 026 338	0. 008 818 57
岩浆岩	500	3 766 359	1. 327 542 064	－ 0. 371 069 14
变质砂岩	724	7 157 548	1. 011 519 587	－ 0. 642 944 56
泥岩	231	943 435	2. 448 499 367	0. 241 077 03
千枚岩	121	740 285	1. 634 505 63	－ 0. 163 057 91
砂岩	1 418	2 380 289	5. 957 259 812	1. 130 212 31
页岩	125	313 437	3. 988 042 254	0. 728 902 15
板岩	1 393	6 182 347	2. 253 189 606	0. 157 948 51
土壤	93	2 496 957	0. 372 453 35	－ 1. 642 041 78

表7－3－15　植被覆盖度信息量

植被覆盖度/%	N_i	S_i	N_i/S_i（10^{-4}）	信息量值
< 20	14	1 042 936	0. 134 236 425	－ 2. 664 779 64
20 ~ 40	299	2 012 826	1. 485 473 657	－ 0. 260 893 29
40 ~ 60	1 322	5 635 539	2. 345 827 081	0. 196 011 06
60 ~ 80	2 995	9 576 040	3. 127 597 629	0. 483 638 2
> 80	982	10 836 358	0. 906 208 525	－ 0. 755 112 82

表 7 - 3 - 16　降雨侵蚀力信息量

降雨侵蚀力	N_i	S_i	N_i/S_i（10^{-4}）	信息量值
0 ~ 300	1 341	5 791 826	2. 315 331 987	0. 180 928 11
300 ~ 450	2 326	12 694 015	1. 832 359 58	- 0. 053 020 45
450 ~ 600	1 507	6 672 718	2. 258 450 005	0. 156 053 77
600 ~ 750	162	1 318 263	1. 228 889 835	- 0. 452 513 78
750 ~ 900	211	1 491 404	1. 414 774 266	- 0. 311 654 98
900 ~ 1 050	65	1 077 382	0. 603 314 33	- 1. 163 941 91

表 7 - 3 - 17　汇流累积量加权信息量

汇流累积量	N_i	S_i	N_i/S_i（10^{-4}）	信息量值
0 ~ 100	5 091	27 542 065	1. 848 445 278	- 0. 041 539 12
100 ~ 200	126	503 406	2. 502 949 905	0. 261 585 99
200 ~ 300	46	199 687	2. 303 605 142	0. 178 591 34
300 ~ 400	27	113 874	2. 371 041 678	0. 207 445 37
400 ~ 500	34	74 904	4. 539 143 437	0. 856 854 31
500 ~ 600	9	55 473	1. 622 410 903	- 0. 171 970 76
600 ~ 700	11	43 040	2. 555 762 082	0. 282 466 44
700 ~ 800	12	34 635	3. 464 703 335	0. 586 743
800 ~ 900	7	28 524	2. 454 073 762	0. 241 865 39
900 ~ 1 000	249	529 722	4. 700 578 794	0. 891 801 64

表 7 - 3 - 18　距水系距离信息量

距水系距离/m	N_i	S_i	N_i/S_i（10^{-4}）	信息量值
< 250	3 239	8 273 386	3. 914 962 991	0. 705 652 05
250 ~ 500	1 152	7 302 584	1. 577 523 792	- 0. 203 297 43
500 ~ 750	640	5 723 708	1. 118 156 272	- 0. 547 472 69
750 ~ 1 000	362	3 878 459	0. 933 360 389	- 0. 728 117 71
1 000 ~ 1 250	143	2 170 455	0. 658 848 03	- 1. 076 416 21
1 250 ~ 1 500	50	1 022 585	0. 488 956 908	- 1. 374 634 75
1 500 ~ 1 750	18	422 160	0. 426 378 624	- 1. 511 581 37
> 1 750	8	236 914	0. 337 675 275	- 1. 744 824 4

表 7-3-19　距道路距离信息量

距道路距离/m	N_i	S_i	N_i/S_i（10-4）	信息量值
0~1 000	3 800	8 460 792	4. 491 305 306	0. 848 545 68
1 000~2 000	753	4 708 409	1. 599 266 334	-0. 184 052 71
2 000~3 000	354	3 435 357	1. 030 460 59	-0. 623 591 82
3 000~4 000	225	2 661 456	0. 845 401 915	-0. 821 540 82
4 000~5 000	174	2 150 821	0. 808 993 403	-0. 865 562 21
>5 000	306	7 775 161	0. 393 560 982	-1. 586 116 94

7.3.3　区域地质灾害危险性评价

7.3.3.1　危险性区划结果

利用 ArcGIS 空间分析功能，进行综合计算分析，将各因子信息量值相耦合，经加权信息量模型分区结果和统计情况，得到研究区的地质灾害综合信息量栅格图层，其信息量范围在 -16. 38~6. 105 之间。利用自然断点法对综合信息量等级进行划分，划分为极高、高、中、低、极低危险区。由此得到研究区地质灾害危险性区划图（见图 7-3-4），划分等级见表 7-3-20。其中：

综合信息量 -16. 38~-8. 62 为极低危险，可能发生低频率、小规模的地质灾害，对交通设施及人员财产影响不大。

综合信息量 -8. 62~-4. 741 为低危险，可能发生较低频率的地质灾害，对部分交通设施造成小范围的危险。

综合信息量 -4. 741~-1. 655 为中度危险，可能发生中等频率及规模的地质灾害，造成部分交通设施及人员财产损失。

综合信息量 -1. 655~0. 814 为高危险，可能发生高频率、较大规模的地质灾害，对交通设施及人员财产危险性较大，需采取相应的工程措施防范。

综合信息量 0. 814~6. 105 为极高危险，高频率、大规模的地质灾害很可能发生，可以造成严重的生命财产损失。

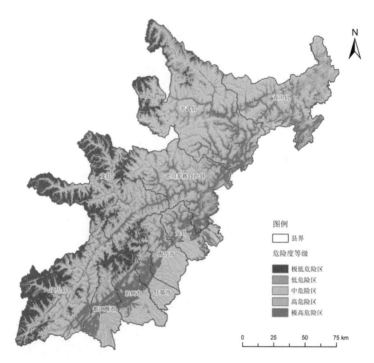

图7-3-4　研究区地质灾害危险性区划图

表7-3-20　研究区地质灾害危险性综合信息量等级划分

等级划分	极低危险	低危险	中度危险	高危险	极高危险
综合信息量值	-16.38～-8.62	-8.62～-4.741	-4.741～-1.655	-1.655～0.814	0.814～6.105

由图7-3-4可知：整个研究区以龙门山断裂带为界，沿北川—映秀断裂和江油—都江堰断裂风向，东北方向—西南区域大部分为极高—高危险区，主要集中在都江堰市、彭州市、什邡市、绵竹市、安县、北川县、平武县和青川县；较高海拔地区，极高—高危险区与水系分布有较高相关性；中—低危险区主要集中在平武县西北部、彭州市、什邡市和绵竹市东南与成都平原接壤区域；受地质灾害影响极小的极低危险区主要位于汶川和茂县的较高海拔区域。

通过统计各个危险等级区域的面积分布以及地质灾害在各个不同等级范围内的分布数据，从表7-3-20可知，极高、高、中、低和极低危险区的面积分别为4 150.01 km²、9 085.37 km²、5 970.3 km²、3 695.35 km²、3 311.77 km²，分别占研究区总面积的15.84%、34.66%、22.78%、14.1%、12.63%。其中，中—低—极低危险区占汶川大地震极重灾区 10 个县市面积的 49.51%；高和极高危险区占总面积的 50.49%，包含研究区 92.69% 的地质灾害比例，灾害密度为：高危险区 20.34 个/km²，极高危险区 84.96 个/km²，远大于中—低—极低危险区，说明这些区域地质灾害分布密集，地质环境不稳定，生态环境脆弱，对生态影响和人民群众财产安全危险性较高。

7.3.3.2　危险性评价结果验证（见表 7 - 3 - 21）

地质灾害点的分布密度随危险程度的升高逐渐增加，两者之间具有很好的正相关性，两者的关系可以用公式：$y = 0.088\,3e^{x/0.684\,2} - 0.156\,9$ 表示，拟合系数 R^2 为 0.999 7，拟合程度较好，理论上符合划分等级的原则（见图 7 - 3 - 5）。

表 7 - 3 - 21　危险性评价结果与实际滑坡分布对比表

危险性等级	灾害数量	灾害比例 /%	分区面积 /km²	分区比例 /%	地质灾害密度 /个·100 km⁻²
极低危险区	2	0.04	3 311.77	12.63	0.06
低危险区	23	0.41	3 695.35	14.1	0.62
中危险区	217	3.86	5 970.3	22.78	3.63
高危险区	1 848	32.91	9 085.37	34.66	20.34
极高危险区	3 526	62.78	4 150.01	15.84	84.96

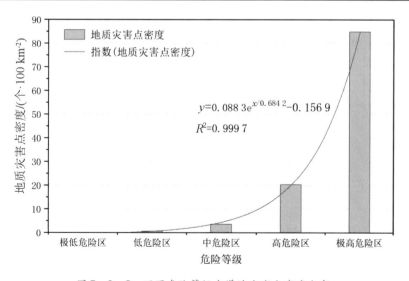

图 7 - 3 - 5　不同危险等级内滑坡灾害点密度分布

比较地质灾害历史数据与危险性等级划分结果是评价危险性分析的有效方法，该方法通过讨论地质灾害危险性指数累计的百分比与地质灾害发生累计百分比之间的关系，来分析危险性评价对地质灾害的概括程度。

ROC 曲线（Receiver Operating Characteristic Curve），即受试者工作特征曲线，也被称为感受性曲线（Sensitivity Curve）。ROC 曲线能够直观地评价模型分类的效果，其纵轴代表敏感性（真阳性率），在区域地质灾害危险性评价中实际代表研究区各危险性等级内真实发生地质灾害的累加百分比；其横轴代表特异性（假阳性率），在评价中实际代表研究区内各危险性等级面积累加百分比。其中 X 轴为地质灾害危险性指数累计百分比，Y 轴为地质灾害发生累计频率百分比，一般采用曲线下面积 AUC（Area Under Curve）作为定量指标来衡量和比较模型的评价预测精确度。ROC 曲线越靠近左上角，AUC 值也越大，评价精度也就越高。

根据研究区地质灾害危险性评价结果绘制 ROC 曲线，如图 7-3-6 所示，ROC 曲线下面积，即 AUC 值为 93.74%，说明模型预测具有很高的准确性和可信性，可以作为研究区地质灾害危险性评价的最终结果。

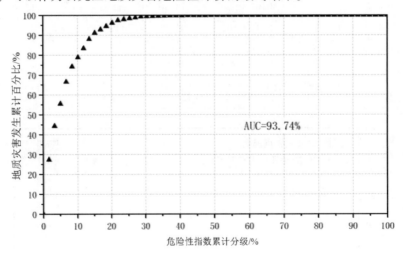

图 7-3-6　地质灾害危险性区划 ROC 验证

7.4　土壤侵蚀敏感性

7.4.1　土壤侵蚀敏感性空间特征

对汶川大地震极重灾区土壤侵蚀敏感性以乡镇为单元进行统计，并进行优化的异常值分析。分析结果显示，土壤侵蚀敏感性空间格局与四川省生态功能区划描述的空间特征基本一致，并刻画了一些细节特征（见图 7-4-1）。

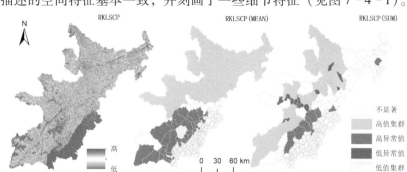

不显著
高值集群
高异常值
低异常值
低值集群

图 7-4-1　土壤侵蚀性区域异常值分析

7.4.2　土壤侵蚀敏感性因子分析

7.4.2.1　降雨侵蚀力因子（R）

降雨是引起土壤侵蚀的主要动力因素，降雨侵蚀力反映由降雨引起的潜在能力①。汶川大地震极重灾区降雨侵蚀力较强的区域主要位于龙门山山前平原，并沿河谷向川西北高原延伸（见图 7-4-2）。

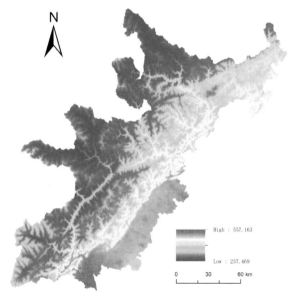

High : 557.163

Low : 237.469

图 7-4-2　降雨侵蚀力因子（R）

---

① 杨渺，谢强，谭晓蓉，等．基于 GIS/RS 的地震灾区流域水土保持功能恢复效应评价 [J]．四川环境，2013.32（1）：39-45.

7.4.2.2 土壤可蚀性因子（K）

龙门山山前平原区域土壤类型主要为水稻土、紫色土，土壤可蚀性明显强于其他区域。农村面源污染较为突出（见图7-4-3）。

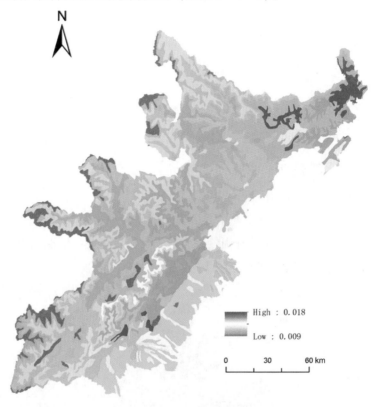

图7-4-3 土壤可蚀性因子（K）

7.4.2.3 地形因子（LS）

根据地形因子分析结果，龙门山山前平原区域地貌以冲积平坝和洪积冲积扇平坝为主，有少量浅丘分布。而其他区域则是山地—丘陵地貌，尤其是龙门山区域，坡度较陡峭，崩塌、泥石流、滑坡强烈发育（见图7-4-4）。

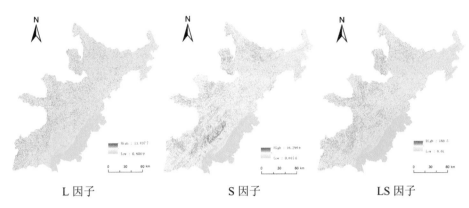

L 因子	S 因子	LS 因子

图 7-4-4 地形因子（LS）

7.4.2.4 植被覆盖因子（C）

植被是自然因素中缓解土壤侵蚀的重要因素之一，对土壤侵蚀具有抑制作用[1]，也是地震前后变化最大的因子之一。震后极重灾区土壤侵蚀敏感性的变化，主要受植被覆盖因子变化影响。对植被生长旺季6月、7月、8月的植被覆盖度进行最大值合成法，作为区域年植被覆盖度。依据学者建立的植被覆盖度与C因子间的数学关系，计算得到C因子[2]。可以看到，龙门山区域，也就是"5·12"汶川大地震中植被损毁最为严重的区域，C因子最大；其次，沿岷江河谷从汶川县至茂县，也是C因子较高的区域（见图7-4-5）。

———————

① 曹胜，欧阳梦云，周卫军. 基于GIS和USLE的宁乡市土壤侵蚀定量评价［J］. 中国农业大学学报. 2018，23（12）：149-157.

② 吴昌广，李生，任华东，等. USLE/RUSLE模型中植被覆盖管理因子的遥感定量估算研究进展［J］. 应用生态学报. 2012. 23（6）：1728-1732.

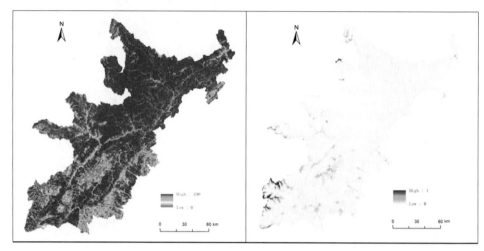

植被覆盖度　　　　　　　　　　　C因子

图7－4－5　植被覆盖因子

7.5　结论与讨论

根据地质灾害区域发育度、潜势度、危险度、风险度和危害度"五度"理论，刘传正等①分别研究了2008年"5·12"地震前历史累积、地震引发、地震后（"5·12"大地震到2013年底）和前三者合计的现状4个时段的地质灾害区域成生规律（见图7－5－1）。

"5·12"大地震后该区域的地质灾害成倍增加，地质灾害高中发育区面积占比也成倍甚或多倍增加。地震作用造成地质环境条件显著恶化，地质灾害易发区或敏感区面积显著增加，10个极重灾县市的危害度指数都大于8。根据刘传正等研究结果，都江堰市、彭州市、什邡市、绵竹市、安县地质灾害风险较高。

2017年，收集地质灾害统计资料，进行土壤侵蚀敏感性评价。从结果来看，都江堰至青川现场一带以及沿岷江沿岸干旱河谷均是地质灾害和土壤侵蚀的敏感区域，尤其是龙门山区域，更是地质灾害和土壤侵蚀的极重区域，无论地质灾害空间分布还是土壤侵蚀敏感性空间分布，均与刘传正等2013年评价结果具有空间上的一致性。结果显示，经过震后十年恢复，茂县、汶川县、都江堰市、彭州市、什邡市、绵竹市、安县地质灾害风险依然较高。

---

① 刘传正，温铭生，刘艳辉，等．汶川大地震区地质灾害成生规律研究［J］．水文地质工程地质，2016，43（5）：1000－3665.

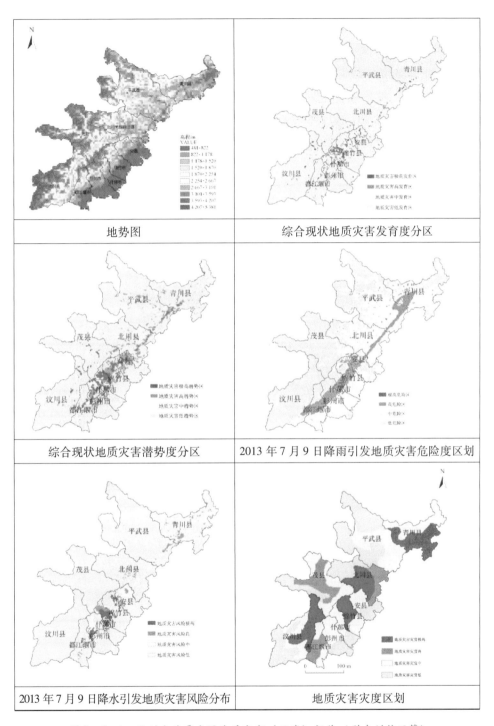

图 7-5-1　汶川大地震灾区地质灾害（五度）评价（引自刘传正等）

根据四川生态功能区划①，"Ⅲ川西高山亚热带—温带—寒温带生态区"两个亚区的土壤侵蚀极敏感，崩塌、泥石流、滑坡强烈发育，易发生洪灾害。而"Ⅱ成都平原城市—农业生态亚区"的土壤侵蚀轻度至中度敏感（见图7－5－2）。震后十年，生态功能区划研究结果描述的总体格局未变，对区域生态重要性评价结果与此描述一致，显示地震并没有颠覆区域空间特征。不过本研究刻画了更为细节的特征，一定程度上补充了生态功能区划成果，有利于较为精细的分区管理。

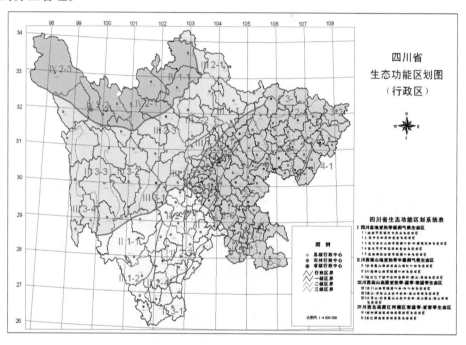

图7－5－2　四川省生态功能区划图（引自《四川省生态功能区划》）

①　《四川省生态功能区划》编写组. 四川省生态功能区划［M］. 成都：四川科学技术出版社，2010.08.

8 震后十年环境承载力现状评估

本章参照《资源环境承载能力监测预警技术方法（试行）》，环境承载力研究由大气污染物超标指数、水污染物浓度超标指数、污染物浓度综合超标指数三个要素构成①，通过主要污染物年均浓度检测值与国家现行环境质量标准的对比值反映，为提升经济社会活动产生的各类污染物的承受与自净能力提供支撑。

8.1 数据来源

大气污染评价中，从四川省环境保护厅收集大气污染物：SO_2、NO_2、PM_{10}、$PM_{2.5}$、CO、O_3 年均浓度监测值，大气监测点位坐标，依据《环境空气质量标准》（GB 3095—2012），查询规定的各类大气污染物浓度限值二级标准值。

水污染评价中，收集水污染物：溶解氧（DO）、高锰酸盐指数（COD_{Mn}）、生化需氧量（BOD_5）、化学需氧量（COD_{Cr}）、（$NH_3 - N$）、总氮（TN）、总磷（TP）控制断面的年均浓度，湖库断面化学需氧量、氨氮年均浓度，各流域断面和湖库断面各控制单元水环境功能分区目标中确定的各类污染物浓度的水质标准，以及河流湖库水污染物监测断面坐标与归属地。

---

① 国家发展改革委、国家海洋局等 .2016. 资源环境承载能力监测预警技术方法（试行）[Z].

8.2 评价方法

环境承载力采用污染物浓度的综合超标指数来评价，污染物浓度的综合超标指数可采用极大值模型进行集成。计算公式如下：

$$R_j = \max\ (R_{\text{气}j},\ R_{\text{水}j})$$

式中，R_j 为区域 j 的污染物浓度综合超标指数，$R_{\text{气}j}$ 为区域 j 的大气污染物浓度超标指数，$R_{\text{水}j}$ 为区域 j 的水污染物浓度超标指数。

根据污染物浓度综合超标指数，将评价结果划分为污染物浓度超标、接近超标和未超标三种类型。污染物浓度超标指数越小，表明区域环境系统对社会经济系统的支撑能力越强。通常，当 $R_j > 0$ 时，污染物浓度处于超标状态；当 R_j 介于 $-0.2 \sim 0$ 时，污染物浓度处于接近超标状态；当 $R_j < -0.2$ 时，污染物浓度处于未超标状态。

8.2.1 大气污染物浓度超标指数

单项大气污染物浓度超标指数，以各项污染物的标准限值表征环境系统所能承受人类各种社会经济活动的阈值[1]［限值采用《环境空气质量标准》（GB 3095—2012）中规定的各类大气污染物浓度限值二级标准］，不同区域各项污染指标的超标指数计算公式如下：

$$R_{\text{气}ij} = C_{ij}/S_i - 1$$

式中，$R_{\text{气}ij}$ 为区域 j 第 i 项大气污染物浓度超标指数，C_{ij} 为该污染物的年均浓度检测值（其中 CO 为 24 小时平均浓度第 95 百分位，O_3 为日最大 8 小时平均浓度第 90 百分位），S_i 为该污染物浓度的二级标准限值。$i = 1$，$2 \cdots$，6，分别对应 SO_2、NO_2、PM_{10}、CO、O_3、$PM_{2.5}$。

大气污染物浓度超标指数。计算公式如下：

$$R_{\text{气}j} = \max\ (R_{\text{气}ij})$$

式中，$R_{\text{气}j}$ 为区域 j 的大气污染物浓度超标指数，其值为各类大气污染物浓度超标指数的最大值。

8.2.2 水污染物浓度超标指数

单项水污染物浓度超标指数，以各控制断面主要污染物年均浓度与该项污

---

① GB 3095—2012. 环境空气质量标准［S］. 北京：中国环境科学出版社.

染物一定水质目标下水质标准限值的差值作为水污染物超标量。标准限值采用国家 2020 年各控制单元水环境功能分区目标中确定的各类水污染浓度的水质标准限值①。计算公式如下：

当 $i = 1$ 时：

$$R_{水ijk} = 1/(C_{ijk}/S_{ik}) - 1$$

当 $i = 2, \cdots, 7$ 时：

$$R_{水ijk} = C_{ijk}/S_{ik} - 1$$

$$R_{水ij} = \sum_{k=1}^{N_j} R_{水ijk}/N_j, \quad i = 1, 2, \cdots, 7$$

式中，$R_{水ijk}$ 为区域 j 第 k 个断面第 i 项水污染物浓度超标指数，$R_{水ij}$ 为区域 j 第 i 项水污染物浓度超标指数；C_{ijk} 为区域 j 第 k 个断面第 i 项水污染物的年均浓度检测值，S_{ik} 为第 k 个断面第 i 项水污染物的水质标准限值。$i = 1, 2 \cdots, 7$，分别对应 DO、COD_{Mn}、BOD_5、COD_{Cr}、$NH_3 - N$、TN、TP；k 为某一控制断面，$k = 1, 2 \cdots, N_j$，N_j 表示区域 j 内控制断面个数。这里，当 k 为河流控制断面时，计算 $R_{水ijk}$，$i = 1, 2 \cdots, 5, 7$；当 k 为湖库控制断面时，计算 $R_{水ijk}$，$i = 1, 2 \cdots, 7$。

水污染浓度超标指数。计算公式如下：

$$R_{水jk} = \max_i (R_{水ijk})$$

$$R_{水j} = \sum_{k=1}^{N_j} R_{水jk}/N_j$$

式中，$R_{水jk}$ 为区域 j 第 k 个断面的水污染物浓度超标指数，$R_{水j}$ 为区域 j 的水污染物浓度超标指数。

8.3 大气污染评价

8.3.1 大气污染监测结果

从四川省环境保护厅收集 2017 年省网平台网站数据。监测指标有 SO_2、NO_2、O_3、CO、PM_{10} 和 $PM_{2.5}$ 等。监测结果见表 8 - 3 - 1。

———————————

① 中华人民共和国环境保护部 .2011. 全国地下水污染防治规划（2011—2020 年）[Z].

表 8 - 3 - 1　汶川大地震极重灾区大气监测站点污染物年均浓度

单位：$\mu g/m^3$

极重灾区	点位	SO_2	NO_2	CO	O_3	$PM_{2.5}$	PM_{10}
安县	安县监测站	11	32	1.3	135	42	81
北川县	北川监测站	8	19	1.2	98	36	60
都江堰市	环保大楼	16	37	1.4	168	50	75
茂县	茂县环保林业局	4	8	1.4	138	26	49
绵竹市	绵竹中学初中部	24	27	2	118	48	93
彭州市	延秀小学	16	32	1.4	179	58	88
平武县	平武环保局	3	13	0.8	105	24	37
青川县	高家院	9	11	1.8	126	41	50
什邡市	什邡市三中心	17	26	1.5	136	54	81
汶川县	汶川县环保林业局子站	11	25	2.2	109	28	53

8.3.2　大气监测站点超标评价

根据空气质量监测点监测数据，汶川大地震极重灾区的大气超标指标有 O_3、$PM_{2.5}$ 和 PM_{10}。其中，2 个县市的 O_3 呈超标状态，分别是彭州市和都江堰市；7 个县市的 $PM_{2.5}$ 浓度超标，分别是彭州市、都江堰市、什邡市、绵竹市、北川县、安县和青川县；5 个县市的 PM_{10} 浓度超标，分别是彭州市、都江堰市、什邡市、绵竹市和安县。而汶川大地震极重灾区的 SO_2、NO_2 和 CO 年均浓度均未超标。进一步分析结果显示，可吸入颗粒（$PM_{2.5}$、PM_{10}）超标情况最严重，是造成汶川大地震极重灾区大气污染最严重的污染物（见表 8 - 3 - 2）。

表 8 - 3 - 2　汶川大地震极重灾区空气监测大气超标情况

极重灾区	点位	SO_2	NO_2	CO	O_3	$PM_{2.5}$	PM_{10}
安县	安县监测站	−0.82	−0.21	−0.68	−0.16	0.19	0.16
北川县	北川监测站	−0.87	−0.52	−0.7	−0.39	0.02	−0.14
都江堰市	环保大楼	−0.74	−0.08	−0.66	0.05	0.43	0.07

续表 8－3－2

极重灾区	点位	SO_2	NO_2	CO	O_3	$PM_{2.5}$	PM_{10}
茂县	茂县环保林业局	−0.93	−0.8	−0.65	−0.14	−0.27	−0.3
绵竹市	绵竹中学初中部	−0.59	−0.32	−0.5	−0.26	0.37	0.33
彭州市	延秀小学	−0.74	−0.21	−0.65	0.12	0.66	0.26
平武县	平武环保局	−0.95	−0.69	−0.8	−0.34	−0.31	−0.48
青川县	高家院	−0.84	−0.72	−0.55	−0.21	0.17	−0.28
什邡市	什邡市三中心	−0.72	−0.36	−0.63	−0.15	0.54	0.16
汶川县	汶川县环保林业局子站	−0.82	−0.39	−0.45	−0.32	−0.19	−0.24

8.3.3 区域大气污染分析

8.3.3.1 大气总体超标评价结果

根据监测站点数据，计算各县市大气污染超标指数，对于缺少监测值的县市，进行空间插值。对于有监测值的县市，大气污染超标指数以监测值为准；对于缺少大气监测值的县市，采用插值结果。10 个极重灾县市具有监测值，根据监测结果，汶川大地震极重灾区的 10 个县市大气污染最终评价结果见表 8－3－3、图 8－3－1。汶川大地震极重灾区的 10 个县市中仅青川县呈不超标状态，汶川县和茂县呈接近超标状态，其余县市均呈超标状态。根据空气质量检测数据显示，超标因素主要是 $PM_{2.5}$。

表 8－3－3 汶川大地震极重灾区大气污染评价结果

极重灾区	实测值	插值结果	最终结果	超标判断
安县	0.194	−	0.194	超标
北川县	0.024 8	−	0.024 8	超标
都江堰市	0.432	−	0.432	超标
茂县	−0.137 5	−	−0.137 5	接近超标
绵竹市	0.368 3	−	0.368 3	超标
彭州市	0.659 7	−	0.659 7	超标
平武县	−0.308 3	−	−0.308 3	不超标
青川县	0.167 7	−	0.167 7	超标
什邡市	0.538 7	−	0.538 7	超标
汶川县	−0.188 9	−	−0.188 9	接近超标

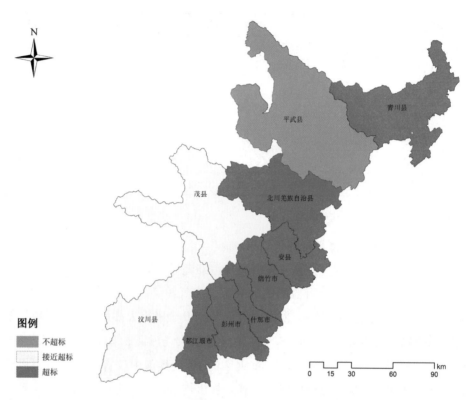

图 8-3-1　汶川大地震极重灾区大气超标情况

8.3.3.2　大气状况区域差异性分析

根据区域大气指标 SO_2、NO_2、CO、O_3、$PM_{2.5}$、PM_{10} 超标数据分析，总体来说，O_3、$PM_{2.5}$、PM_{10} 三个环境指标普遍较差，是影响区域大气质量的主要因素。各县市超标或更接近超标，表现差于 SO_2、NO_2、CO；10 个县市大致分为两类，即都江堰市、彭州市、绵竹市、什邡市、安县等 5 个县市为一类，PM_{10}、$PM_{2.5}$ 及 O_3 表现较差（见图 8-3-2、表 8-3-4）。

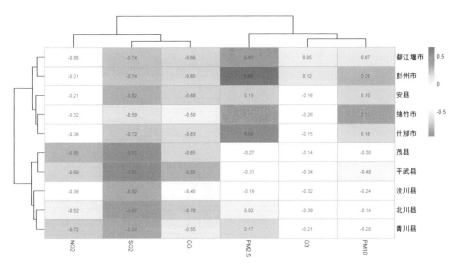

图 8-3-2 汶川大地震极重灾区大气超标状况图

表 8-3-4 汶川大地震极重灾区大气污染特征分区表

类型	包含县市	主要污染因子
平原区	都江堰市、彭州市、安县、绵竹市、什邡市	O_3、$PM_{2.5}$、PM_{10}
山区	平武县、青川县 北川县、茂县、汶川县	O_3、$PM_{2.5}$、PM_{10}

8.4 水污染评价

8.4.1 水污染监测结果

2017 年汶川大地震极重灾区流域监测断面溶解氧、高锰酸盐指数、化学需氧量、生化需氧量、氨氮、总磷等水质监测结果见表 8-4-1。

表 8-4-1 汶川大地震极重灾区流域监测断面水污染情况

极重灾区	断面名称	河流	溶解氧	高锰酸盐指数	化学需氧量	生化需氧量	氨氮	总磷
北川县	北川通口	通口河	9.18	1.1	4.6	0.7	0.074	0.051
都江堰市	都江堰水文站	岷江	8.56	1.2	5.2	1.3	0.115	0.041
	黎明村（界牌）	岷江	7.62	1.1	5.6	1	0.104	0.044

续表8－4－1

极重灾区	断面名称	河流	溶解氧	高锰酸盐指数	化学需氧量	生化需氧量	氨氮	总磷
茂县	渭门桥	岷江	8.46	1.4	7.7	1.2	0.151	0.032
绵竹市	清平	绵远河	8.29	0.8	3.0	0.7	0.036	0.008
彭州市	清江大桥	中河	6.67	2.5	15.5	2	0.451	0.275
	三邑大桥	青白江	7.78	2.1	9.9	1.7	0.271	0.119
平武县	平武水文站	涪江	9.55	1.2	5.7	0.5	0.067	0.019
青川县	姚渡	白龙江	9.96	1.9	5.5	1.4	0.059	0.015
汶川县	映秀	岷江	8.17	1.4	10.4	1.1	0.242	0.028
	水磨	寿溪河	7.98	1.5	10.6	1.1	0.21	0.033

根据四川省环境保护厅数据，汶川大地震极重灾区湖库监测断面化学需氧量、氨氮两项水质监测结果见表8－4－2。

表8－4－2　汶川大地震极重灾区湖库水污染现状

极重灾区	断面	湖泊名字	结果	化学需氧量	氨氮
都江堰市	查关村	紫坪铺水库	平均值	10.45	0.08
	跨库大桥	紫坪铺水库	平均值	10.32	0.09
青川县	坝前	白龙湖	平均值	6.92	0.04
汶川县	阿坝铝厂	紫坪铺水库	平均值	9.67	0.12
	漩口村	紫坪铺水库	平均值	9.93	0.12

8.4.2　断面污染物超标评价

8.4.2.1　流域断面污染物超标评价

根据流域断面的分布情况，对监测数据进行整理，并进行超标评价。汶川大地震极重灾区流域监测断面水超标情况见表8－4－3。在流域监测断面中，仅流经德阳市和彭州市的中河总磷呈超标状态，除总磷外，其余各项断面水污染物均未超标。

表 8 - 4 - 3 汶川大地震极重灾区流域监测断面水污染超标情况

极重灾区	河流	断面名称	$R_{水ijk}$						$R_{水jk}$
			溶解氧	高锰酸盐指数	化学需氧量	生化需氧量	氨氮	总磷	
都江堰市	岷江	黎明村（界牌）	- 0.21	- 0.72	- 0.63	- 0.79	- 0.79	- 0.56	- 0.21
	岷江	都江堰水文站	- 0.3	- 0.7	- 0.65	- 0.74	- 0.77	- 0.59	- 0.3
茂县	岷江	渭门桥	- 0.29	- 0.65	- 0.48	- 0.77	- 0.7	- 0.68	- 0.29
彭州	中河	清江大桥	- 0.25	- 0.58	- 0.22	- 0.5	- 0.55	0.38	0.38
	青白江	三邑大桥	- 0.36	- 0.66	- 0.51	- 0.56	- 0.73	- 0.4	- 0.36
绵竹市	绵远河	清平	- 0.1	- 0.58	- 0.8	- 0.77	- 0.76	- 0.61	- 0.1
平武县	涪江	平武水文站	- 0.21	- 0.38	- 0.62	- 0.83	- 0.55	- 0.04	- 0.04
青川县	白龙江	姚渡	- 0.5	- 0.68	- 0.72	- 0.64	- 0.94	- 0.92	- 0.5
汶川县	岷江	映秀	- 0.39	- 0.76	- 0.48	- 0.74	- 0.76	- 0.86	- 0.39
	寿溪河	水磨	- 0.25	- 0.63	- 0.3	- 0.78	- 0.58	- 0.67	- 0.25

8.4.2.2 湖库断面污染物超标评价

在汶川大地震10个极重灾县市中涉及的监测湖库只有紫坪铺水库，监测结果显示其水质较好，在4个湖库监测断面中，化学需氧量、氨氮均未超标（见表8-4-4）。

表 8 - 4 - 4 汶川大地震极重灾区湖库断面污染超标评价

河流名称	极重灾区	断面名称	化学需氧量	氨氮
紫坪铺水库	都江堰市	跨库大桥	- 0.48	- 0.91
		查关村	- 0.48	- 0.92
	汶川县	阿坝铝厂	- 0.52	- 0.88
		漩口村	- 0.5	- 0.88

8.4.3 区域水污染分析

8.4.3.1 水总体超标评价结果

北川县、安县缺少地表水监测值，采用插值结果，对于其他有监测值的县市，水污染超标指数以监测值为准。综合流域地表水和湖库断面监测结果和空间插值结果进行水污染综合评价。各县市水污染浓度超标指数见表8-4-5。

汶川大地震10个极重灾县市中，水污染综合评价结果均为负数，未达到超标状态（见图8-4-1）。

表8-4-5 汶川大地震极重灾区水污染综合评价

极重灾区	$R_{水ijk}$						$R_{水jk}$
	溶解氧	高锰酸盐指数	化学需氧量	生化需氧量	氨氮	总磷	
都江堰市	-0.26	-0.71	-0.64	-0.62	-0.85	-0.58	-0.26
茂县	-0.29	-0.65	-0.48	-0.77	-0.7	-0.68	-0.29
彭州市	-0.31	-0.62	-0.37	-0.53	-0.64	-0.01	-0.01
绵竹市	-0.1	-0.58	-0.8	-0.77	-0.76	-0.61	-0.1
平武县	-0.21	-0.38	-0.62	-0.83	-0.55	-0.04	-0.04
青川县	-0.5	-0.68	-0.72	-0.64	-0.94	-0.92	-0.5
什邡市	-0.29	-0.62	-0.47	-0.63	-0.58	-0.15	-0.15
汶川县	-0.32	-0.7	-0.39	-0.64	-0.78	-0.77	-0.32
北川县	-0.32	-0.65	-0.61	-0.75	-0.74	-0.51	-0.32
安县	-0.28	-0.64	-0.61	-0.71	-0.72	-0.45	-0.28

图 8-4-1　汶川大地震极重灾区水污染综合评价图

8.4.3.2　水状况区域差异性分析

什邡市水质指标超标，彭州市、平武县水质接近超标，其余 7 个县市水质指标均未超标（见表 8-4-6）。影响彭州市、什邡市水质因子的主要是化学需氧量、生化需氧量、总磷，什邡市受总磷影响特别大。平武县水质影响因子主要是溶解氧和高锰酸盐指数，氨氮也是重要影响因素之一。化学需氧量、生化需氧量、高锰酸盐指数主要表现水体中有机物的污染状况。水体受有机物的污染越严重，三项指标的污染物浓度超标指数越高。不过，高锰酸盐指数一般用于污染比较轻微的水体或者清洁地表水测定，而化学需氧量主要用于工业废水中。废水中总磷超标的主要影响因素主要有煤化工废水磷超标、生活污水磷超标、化学镀镍废水磷超标、磷化工废水磷超标等。含氮物质进入水环境的途径主要包括自然过程和人类活动两个方面。含氮物质进入水环境的自然来源和过程主要包括降水降尘、非市区地表径流和生物固氮等。特别是化学肥料，被认为是水体中氮营养元素的主要来源，大量未被农作物利用的氮化合物绝大部分被农田排水和地表径流带入地下水和地表水中。根据影响水质的环境因子分析，认为彭州市、什邡市受工业产业、城市生活影响较大，而平武县受自然因素以及非城市人类活动影响较大，这也是平武县水质评价较差的原因。此外，平武县水质评价较差也与平武县所处水生态环境功能区要求更为严格有关，用于此次评价的平武水文站以Ⅰ类水质目标要求参与评价。青川县、汶川县的主要水环境影响因子是化学需氧量、生化需氧量、总磷。绵竹市的主要影响因子与平武县类似（见图8-4-2）。

表8-4-6　各县市水质污染特征分区

胁迫类型	预警特点	包括县市	主要因子	备注
集中污染型	超标预警	彭州市、什邡市	BOD_5、COD_{cr}、P	$R_j > -0.2$
	弱预警	青川县、汶川县		$R_j < -0.2$
面源污染型	超标预警	平武县	COD_{mn}、$N-NH_3$、DO	$R_j > -0.2$
	弱预警	绵竹市		$R_j < -0.2$
混合型	弱预警	都江堰市	P、$N-NH_3$	$R_j < -0.2$
	弱预警	茂县、北川县、安县	P、$N-NH_3$	$R_j < -0.2$

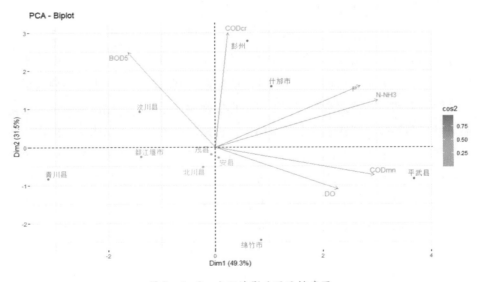

图8-4-2　水环境影响因子排序图

8.5　环境承载力评价结果

汶川大地震10个极重灾县市，环境综合评价超标的有7个，分别是都江堰市、彭州市、什邡市、绵竹市、安县、北川县和青川县；而平武县、汶川县和茂县的环境综合评价接近超标。

大气监测结果显示：仅平武县的大气不超标，汶川县和茂县的大气接近超标，其余县市大气均超标。汶川大地震 10 个极重灾县市的水体均未达到超标状态，但水体接近超标的有 3 个，分别是什邡市、绵竹市和平武县。因此，在汶川大地震极重灾区的 10 个县市中，8 个县市的大气环境质量存在问题，3 个县市的水环境质量存在问题（见表 8 - 5 - 1）。

表 8 - 5 - 1　汶川大地震极重灾区环境污染综合评价

极重灾区	气超标指数	水超标指数	综合超标指数	超标判断
安县	0.19	- 0.28	0.19	超标
北川县	0.02	- 0.32	0.02	超标
都江堰市	0.43	- 0.26	0.43	超标
茂县	- 0.14	- 0.29	- 0.14	接近超标
绵竹市	0.37	- 0.1	0.37	超标
彭州市	0.66	- 0.01	0.66	超标
平武县	- 0.31	- 0.04	- 0.04	接近超标
青川县	0.17	- 0.5	0.17	超标
什邡市	0.54	0.53	0.54	超标
汶川县	- 0.19	- 0.32	- 0.19	接近超标

总体来说，汶川大地震 10 个极重灾县市大部分存在大气问题，而有水环境问题的县市则相对集中（见图 8 - 5 - 1）。在汶川大地震 10 个极重灾县市综合污染物浓度超标的地区中，除平武县外，其余地区大气污染物浓度超标指数均高于水污染物浓度超标指数。在大气污染物中，PM_{10} 和 $PM_{2.5}$ 超标情况最严重。大气中的 $PM_{2.5}$，移动源是最大的贡献源，其次是燃煤源和扬尘。而城市扬尘是 PM_{10} 的最大贡献源，其次是移动源。除 PM_{10} 和 $PM_{2.5}$ 超标情况严重外，部分县市还面临着 O_3 超标的现状，其中属位于成都市的彭州市大气污染超标最为严重。

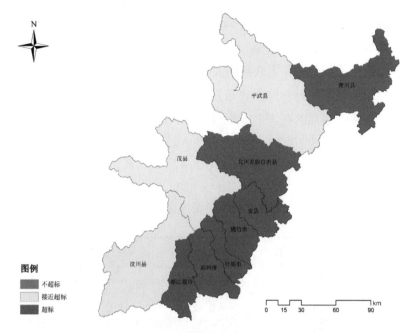

图 8-5-1　汶川大地震极重灾区环境污染综合评价

　　在水污染物中，仅流经德阳市和彭州市的中河总磷呈超标状态，除总磷外，其余各项断面水污染物均未超标（见图 8-5-2）。

图 8-5-2　汶川大地震极重灾区环境超标因素

8.6 结论及对策建议

8.6.1 结论

在汶川大地震10个极重灾县市中，彭州市最靠近四川盆地腹心区域，此处风速小、云雾多、湿度大，特别是秋冬季节降雨大幅减少，近地面逆温频率上升，空气环境承载能力下降，其地理气象条件特殊，容易诱发重污染天气。彭州市作为成都市工业规划与产业布局要地，其烟（粉）尘排放量一直稳居成都市前五，氮氧化物排放量也居前列。彭州市大气污染物排放主要来源于工业源，特别是石化及其延伸产业，全市规模以上的工业企业有165家；其次是机动车，其主要排放时间为早晚两个高峰时段（10：00～11：00和16：00～18：00）；彭州市常住人口达80万人，城市生活源排放量大。大气污染物排放总量大是彭州市大气污染严重的主要原因。

汶川大地震极重灾区缺少骨干水源工程，已建水利工程以小型蓄、引水工程为主。部分已建工程存在老化失修、配套不全等问题，影响其效益的正常发挥。近年来需水逐渐增长，水资源供需矛盾日益突出，特别是遇枯水年、枯水期，供用水矛盾更加突出。汶川大地震极重灾区涉及的10个城市中，德阳市水资源问题尤其突出：德阳市是四川省唯一主要利用地下水为城市生活及工业供水的中等城市，其中心城区内现有的地下水开采井钻井时无规划，多数情况是需要用水时就地打井，所以其布局大多不合理[①]。而长期过量地取用地下水，又造成取用量远远超过了补给量，进而使地下水位下降，形成降落漏斗。随着经济的大规模发展和城市人口的快速膨胀，工业和生活所排放的废水也越来越多，市区内的地下水正遭受着越来越严重的污染。汶川大地震极重灾区尚未实现生活污水处理设施全覆盖，尤其是汶川县、茂县的生活污水处理设施建设滞后，德阳市城市污水处理厂超负荷运营情况突出；流域普遍存在配套管网不完善、雨污分流不彻底、污水收集率及设施运行负荷率偏低等问题，生活污水直排现象仍然存在。工业企业距全面达标排放尚有差距。畜禽养殖污染问题突出，禁养限养区划定及管控等源头防控措施落实不到位，手续不全、治污设施不配套等问题仍然存在。农业、农村面源污染对水环境影响日益突出，缺乏系

---

① 李文华，黄晓荣，蒋红霞. 德阳市中心城区供水现状、问题及对策探讨 [J]. 四川水利，2012（2）：63.

统有效的整治措施。

8.6.2 促进环境改善的对策建议

8.6.2.1 加强基础设施建设

一要提高畜禽养殖污染治理和利用效率。因地制宜地建设规模化畜禽养殖有机肥堆肥及沼气生产设施，加强对分散式畜禽养殖污染物的综合利用。二要提升生活污水收集处理基础设施建设。加快城市及乡镇污水收集管网的建设，提高污水的收集率，尤其是乡镇生活污水的收集率，完善城市雨污管网分流及农村污水支管建设，提高污水处理设施的运行负荷率。三要加快工业园区污水处理厂建设，提高环境监管执法能力。加快工业园区等园区污水处理厂及配套管网建设，加大对重点行业工业企业的监督管理，严格其水污染物排放，建立重点行业工业企业监管长效机制，校核更新其在线监测设施，确保其污染物达标排放。

8.6.2.2 严格环境功能区管理

推进"西控中优东进"的空间发展战略，增量工业产业优先向龙泉山产业走廊布局，以减轻盆地的环境压力。针对污染较严重的岷江、沱江流域，消减流域水、大气环境主要污染物的排放量，改善水环境、大气环境承载力现状。严格区域内水环境功能区的保护，遏制流域水环境恶化，细化环境功能区的管理要求，逐步改善环境质量。

8.6.2.3 推进产业结构调整

促进绿色低碳发展，通过推进绿色低碳发展倒逼产业转型升级，大力发展绿色低碳产业，推广清洁生产技术，加快淘汰落后产能，大力发展循环经济，进一步减少大气污染物排放；优化工业结构，淘汰落后产能，关停和搬迁河流敏感区域污染企业，促进工业结构升级，根据区域水、气环境承载力的约束，对现有产业结构、工业园区实施调整，科学制订产业准入名单，把住产业准入门槛，积极发展低耗水、低耗能、低污染产业，不引入引发新的环境问题以及可能产生重大环境影响的产业，从源头上降低产业发展带来的环境风险发生概率。岷江上游地区要优先发展高新技术产业或其他无污染产业，合理布局湖泊流域内的工业园区，鼓励企业实行清洁生产，发展循环经济。大力发展生态农业，积极建设生态农业示范区，大力发展无公害农产品、绿色产品和有机产品。

8.6.2.4　建立环境管理长效机制

加大空气环境质量考核力度，把空气环境质量改善纳入年度目标考核。每月对区（市）县空气环境质量情况进行排名，并定期向社会发布，工作成效明显的给予奖励，措施不力、污染加重的给予通报批评。对工业企业、生活污水设施等重点源进行在线监测系统全覆盖，加强污染治理设施规范运行，提升规范化管理能力。另外，需建立长效机制解决长期以来缺乏流域层面的污染治理和管理机制，信息共享传递途径不畅，未形成各部门、上下游、干支流的治污合力，配套政策措施落实不到位等问题。

9 生态环境状况及优化提升对策

本章立足于汶川大地震极重灾区生态系统格局、服务功能及其价值、生态脆弱性、生态承载力的评价结果，以生态文明建设为实际需求，以科学保护重要生态功能区为根本目的，结合汶川大地震极重灾区实际情况与国内外先进保护手段，针对生态系统格局优化、生态服务功能及其价值提升、生态脆弱性改善、生态承载力提升4个目标提出了具体措施。同时进一步从宏观对策的角度出发，从管理、技术和试点3个层面对汶川大地震极重灾区的生态系统质量优化及功能提升提出关键性建议。

9.1 震后十年区域生态环境状况

9.1.1 总体结论

9.1.1.1 震后十年间自然生态恢复进程

本研究范围涵盖汶川大地震极重灾区10个县市，时间上分3个阶段，前后跨度十年。利用遥感手段进行了生态系统结构、质量时空变化分析；利用地面调查的手段进行了植物样方调查和土壤养分测定及分析评价。根据研究结果，区域生态系统总体趋于稳定向好的恢复态势，但在生态恢复进程中，局部区域存在生态状况恶化压力。如2019年汶川"8·20"强降雨特大山洪泥石流灾害，导致汶川县水磨、漩口、三江、草坡等12个乡镇不同程度受灾。

从生态系统类型上看，地震造成的裸露地面仍然存在，部分在地震中损坏的森林生态系统仍未恢复到震前水平。从生态系统质量上看，2014年以后持续缓慢改善，反映了区域生态系统总体良好的恢复力。从空间分布上看，龙门山一带山前区域植被恢复状况良好，茂县黑水河沿岸则因采用了人工措施，植被也得到了很好的恢复。从群落结构上看，地震破坏迹地生态系统群落结构已得到了一定的恢复，但种类组成仍以蔷薇科、菊科和禾本科等先锋物种为主，与2009年的调查结果相似。对各县市土壤采样点的分析，显示土壤肥力并未完全恢复，且受损点土壤肥力状况仍呈持续恶化状态，如无人工干预，干旱河谷地带受损点的土壤肥力今后有下降的风险。对于人工生态系统来说，灾区内城镇建设面积持续增加占用了部分农田，导致农田面积不断萎缩。这种趋势在成都平原区表现尤为明显。

9.1.1.2 地震十年后区域生态重要性空间特征

经过震后十年，区域地质灾害风险依然较高。都江堰至青川县一带，以及沿岷江沿岸干旱河谷，均是地质灾害和土壤侵蚀的敏感区域。尤其是龙门山区域，更是地质灾害和土壤侵蚀的极重区域。

尽管自然生态系统在地震中遭受了严重损毁，但10个县市生态服务依然极为重要。其中北部区域以固碳释氧为主，汶川县、茂县干旱河谷区域以水源涵养为主。龙门山山前区域几个县市总体上来看生态资产价值不突出，但龙门山区水土保持功能和水源涵养功能极为重要。许多区域极重灾区生态重要性与生态脆弱性并存，既是生态重要的区域也是生态脆弱区域。从空间聚集性来说，在北部几个县市，生态重要性与生态脆弱性极重要的区域散布于全域，空间聚集性弱于南部区域。南部区域则集中在龙门山区域。

生态重要性与脆弱性均不强的区域位于都江堰市、彭州市、什邡市、绵竹市、安县等几县市的平原区，但此区域水环境承载力存在严重挑战，流经德阳和彭州的中河总磷呈超标状态。根据环境承载力评价结果，汶川大地震10个极重灾市县大部分存在大气污染问题。在大气污染物中，PM_{10}和$PM_{2.5}$超标情况最严重。PM_{10}最大贡献源是城市扬尘，其次是移动源。$PM_{2.5}$最大贡献源是移动源，其次是燃煤源和扬尘。城市化发展最为迅速、经济活力川内最强的"成德绵"一线，也是大气污染问题最为严峻的区域之一。

汶川大地震极重灾区生态功能极其重要也极为脆弱，其所处位置介于川西北高原与成都平原的过渡地带，是成都平原区社会经济发展的屏障和生态资产供给区，另外极重灾区同样也承载着生态保护和经济发展的双重压力。区域可以充分利用自身生态资源优势，大力发展旅游业、特色林产业，把生态优势转化为发展优势。

9.1.2　总体建议

9.1.2.1　生态系统恢复总体建议

极重灾区范围内，大多数地震受损创面已经得到一定程度的恢复，但处于演替初级阶段，种类组成以先锋植物为主，多样性不足，群落结构简单，尚未恢复到森林群落状态。不过已处于较为稳定的正向演替过程，生态系统质量逐步提高。

华西雨屏区充沛的降水为植被的恢复提供了良好条件，龙门山一带山前区域植被恢复状况总体良好，但也有局部地点反复遭受次生地质灾害的损毁。在加强地质灾害监管，预防次生灾害的基础上，区域植被可以自然恢复为主。

而对于干旱河谷区域的受损点来说，区域降水稀少，蒸发量大于降水量，不利于植被自然恢复。因此，岷江沿岸有条件的区域，可采取人工措施进行恢复。就土壤条件来看，震后受损点地表裸露加剧了土壤矿化，短期内可能改善了受损点土壤养分状况，但在相当长的一个时期来看，土壤肥力存在继续恶化的倾向。因此，在进行人工植被恢复时，可以采取一定措施，改善土壤养分条件，以促进植被恢复。"5·12"汶川大地震后，阿坝州按照"因地制宜，适地适树"基本原则，在茂县岷江及黑水河沿岸重点地段以乡土生态林树种为主，适当考虑经济林树种，选择抗逆性强、耐干旱、耐瘠薄、病虫害少、速生的树种，开展了一系列的生态治理、植被恢复工程项目。另外，加强了管护措施，修建了灌溉设施，并根据情况进行补植。从本次恢复状况调查评估结果来看，取得了良好效果，经验值得后期推广。

成德绵城市群城市发展较快，城镇建设过程中应结合国土空间规划，加强国土空间管控，保护基本农田。同时，开发过程中应加强对生态保护红线以及包括基本农田在内的各级各类保护地的监管，确保区域生物多样性功能不受人类活动因素的影响。

9.1.2.2　分区发展总体建议

（1）生态脆弱性对区域发展的影响

根据生态功能区划Ⅰ1成都平原城市—农业生态亚区涉及两个生态功能区①：Ⅰ1-1平原北部城市—农业生态功能区和Ⅰ1-2平原中部都市—农业生

---

① 《四川省生态功能区划》编写组. 四川省生态功能区划［M］. 成都：四川科学技术出版社，2010.08.

态功能区。区域主要生态问题是人口密度较大，人为活动影响强烈，干旱洪涝灾害频繁，工业污染、城镇污染、农村面源污染较为突出、河流污染严重。四川省生态功能区划指出，区域生态保护与发展方向是以小流域建设为重点，保护耕地，提高农田生态系统的自身调节能力。严格控制农村面源污染和城市环境污染；防治水环境污染，保障饮用水安全。因为龙门山一带地质灾害极高发育，灾害风险性较高，对都江堰市、彭州市、什邡市、绵竹市、安县山前平原区域具有潜在威胁。

Ⅲ1 龙门山地常绿阔叶林－针叶林生态亚区涉及两个生态功能区：Ⅲ1－1 龙门山农林业与生物多样性保护生态功能区，Ⅲ1－2 茶坪山生物多样性保护与土壤保持生态功能区。这两个生态功能区在震后生态重要性评估中，水土保持、水源涵养功能极为重要，在发展中应注重防治地质灾害和水土流失，保护森林植被和生物多样性，建设以保护生物多样性和水源涵养为核心的防护林体系，巩固长江上游防护林建设、天然林保护和退耕还林成果。

（2）生态脆弱性对成都都市圈的影响

四川省提出构建"一干多支、五区协同"的区域发展新格局[1]。其中，"一干"是支持成都加快建设全面体现新发展理念的国家中心城市，充分发挥成都引领辐射带动作用；"多支"则是环成都经济圈、川南经济区、川东北经济区、攀西经济区等几个各具特色的区域经济板块。环成都经济圈单独作为"一支"，与成都市区分开来。"五区协同"中将成都与环成都经济圈统一定位为成都平原经济区[2]。

成德眉资四市处于成都平原经济区内圈层，为深入实施省委"一干多支"发展战略，引领带动全省高质量发展，四川省提出了加快成德眉资同城化发展的战略，目标是建设"面向未来、面向世界、具有国际竞争力和区域带动力的成都都市圈"。加快成德眉资同城化发展，是推动成渝地区双城经济圈建设的支撑性工程，是实施"一干多支"发展战略的牵引性工程，具有"现代产业协

① 新华网. 四川构建"一干多支、五区协同"区域发展新格局［EB/OL］. http：//www. xinhuanet. com/2018－06/30/c_ 1123060495. htm, 2018－06－30.

② 每日经济新闻，解读四川发展新蓝图：一干多支、五区协同；四向拓展、全域开放［EB/OL］. https：//baijiahao. baidu. com/s? id = 1604894704521011636&wfr = spider&for = pc, 18－07－02.

作引领、创新资源集聚转化、改革系统集成和内陆开放门户、人口综合承载服务"四大功能①②③。

从区位关系看，汶川大地震极重灾区，尤其是龙门山区域不仅是成都都市圈的生态屏障，也是岷江和沱江的重要水源涵养区，更是沱江的源头。岷江流域内多年平均降水量 600~2 400 mm，降水量年内分配不均，6~9 月降水量占全年降水量的 62%~75%；降水量年际变化也较大。近年来成渝经济区、天府新区等快速发展，需水量迅速增长，水资源供需矛盾日益突出，特别是遇枯水年、枯水期，供用水矛盾更加突出④。沱江发源于九顶山南麓、绵竹市断岩头大黑湾。沱江流域水资源量短缺，但开发利用率已为四川省最高。资源型缺水、结构型缺水与污染型缺水并存，并相互作用。建设以龙门山甚至是极重灾区以保护生物多样性和保护水源涵养为核心的防护林体系，防治地质灾害和水土流失，对于成都都市圈区域发展具有重要意义。成德眉资同城化发展中，要深入践行绿水青山就是金山银山的理念，推进生态环境联防共治，共建统一生态安全保障体系、联防联控联治机制和生态价值转化体系，合力建强长江上游生态屏障的要求⑤。成都城市格局从"两山夹一城"到"一山连两翼"，要避免忽视汶川大地震极重灾区在成都都市圈发展中的生态安全压舱石和生态产品的供给源作用（见图 9-1-1）。

---

① 华西都市报．成德眉资同城化成都都市圈怎样建？［EB/OL］. http：//news. huaxi100. com/index. php？m=content&c=index&a=show&catid=18&id=1035346，2020-02-27.

② 四川日报．彭清华：下好成德眉资同城化发展先手棋 加快推动成渝地区双城经济圈建设在川开局起势［EB/OL］. http：//cpc. people. com. cn/n1/2020/0117/c64102-31553499. html，2020-01-17.

③ 封面新闻．成德眉资同城化 成都都市圈怎样建？建设"三区三带"四市携手推进"三张网"［EB/OL］. https：//baijiahao. baidu. com/s？id=1659580290982008450&wfr=spider&for=pc，2020-02-26.

④ 岷江流域水污染防治规划（2017—2020 年）．

⑤ 沱江流域水污染防治规划（2017—2020 年）．

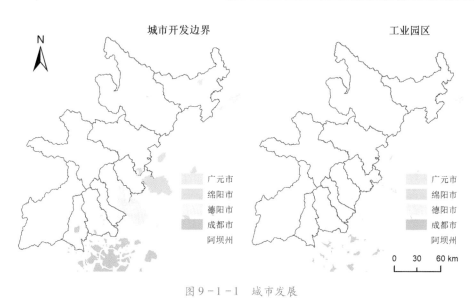

图 9-1-1　城市发展

9.2　生态系统优化及功能提升具体措施

9.2.1　生态系统格局优化措施

9.2.1.1　保护森林、湿地、草地生态系统

改变对生态系统服务功能的利用方式。践行两山论的发展理念，充分挖掘生态系统的潜在价值以代替直接使用价值，例如改森林资源的提供木材功能为提供碳汇功能，改草地资源的发展畜牧业功能为旅游观光功能，改湿地资源的灌溉纳污功能为蓄水调洪、调节气候功能，充分利用各生态系统的生态价值以达到减少自然资源消耗的目的。同时再通过人工种植经济林、修建人工草场、人工湿地，既可以增加不同类型生态系统面积，优化生态系统格局，也可以维持原产业发展。

建立天地空一体化网络监测体系，实现多空间尺度管控，既可以通过遥感影像等卫星数字产品进行宏观监测，获取植被覆盖度、湿地、草原面积等数据，也可以通过地面监测站进行微观监测，获取样方、样点的水、土、气、声等生态环境数据。通过对各类生态系统进行全天候、全方位动态监管，保证其处于安全阈值内①。

9.2.1.2 保护农田生态系统

耕地是人民生活基本物质保障的来源，是关系国计民生的战略性国土资源，作为中国特色概念，永久性保护基本农田是耕地的精华，是国家粮食安全的坚实基础。四川人均耕地面积低于全国平均水平，且存在耕地质量有待提高、土壤环境亟须改善等问题。成德绵城市化发展，大量农田转变为了城市建设用地，保护耕地资源，提升农田生态系统质量的任务十分艰巨。今后，一是可借鉴"河长制"的成功模式，实施"田长制"②，建立耕地保护和违法用地治理的长效机制。设置市、县、乡、村四级田长和永久基本农田图斑网格员③，对耕地实行网格化、斑块化管理，严守耕地红线。二是充分利用"互联网+"技术，将基本农田信息纳入国土空间规划的"一张图"管控方案国家正在建设的"智慧耕地"信息管理平台④。积极建立动态监测监管系统和公众参与系统，拓宽公众对保护范围、保护政策、监督电话等基础信息的知情权，为农田保护工作安装"千里眼"。三是完善永久基本农田补偿制度⑤，通过采取对耕地保护责任主体提供减施增效技术、补偿肥料、优质农作物、发放补偿金等措施，调动广大农民保护永久基本农田的积极性。探索奖励机制以推动高标准农田建设，在生态经济协调发展的同时完成精准扶贫的任务。

9.2.1.3 制定城市开发边界

随着经济的快速增长，人口的急剧膨胀，城市/城镇建成区不断扩张是不可避免的现象，扩张结果就是城市生态系统侵占其他生态系统空间，并产生一系列生态环境问题，因此，城市扩张过程中应避免城市发展的盲目性，提高城镇建设的科学性与生态安全性。具体措施，一是强化城市功能分区，对用地规

---

① 张玉玲，田斌. 山丹县湿地保护现状与对策的思考 [J]. 绿色科技，2019（12）：39－40.

② 王绍芳. 田长制　层层落实护耕地 [N]. 今晚报. 2019－02－18（02）.

③ 许祥云. 以田长制实现田"长治" [N]. 中国国土资源报，2018－02－05（007）.

④ 马占一. 永久基本农田划定后保护工作的对策建议 [J]. 国土资源，2018（07）：56－57.

⑤ 邹正冰颖. 我国耕地保护的现状、问题与对策 [J]. 法制与社会，2018（12）：142－143，146.

模进行宏观调控①。整治分散用地，推动镇村企业向产业园区集中，小村向大村迁移，弱村向强村靠拢，人口集中居住区以楼房为主，扩大单位面积建筑容量，统一管理从而减少基础设施占地，实现土地利用集约化。二是通过政策保障、社会监督等方式规范土地资产交易市场环境与交易行为的公平、公正与公开性，这是实现集约用地的必备环境条件①。三是加快清理区域内部空间中的闲置用地，避免城市向外"摊大饼"式发展。配合用地指标并开展闲置用地消化利用工作，防止产生新的土地粗放利用现象①。四是推动共享经济发展，以"共享经济"为理念，充分考虑产业融合机制和风险，探索各行各业的共享经济发展模式，推进供给侧结构性改革，实现资源集约化利用。通过大力提升生产要素的产出质量及产出效率，从而提升单位面积内土地的产出效益，达到减少土地空间浪费的目的②。

9.2.2　生态系统服务功能及其价值提升措施

9.2.2.1　土壤保持

在土壤保持功能量评估方程中，可通过人为进行调节的因子有土壤可蚀性因子和植被覆盖因子。

其中土壤可蚀性取决于土壤结构的稳定性，而有机质又是土壤结构体形成和稳定的重要胶结物质，故为提高土壤抗蚀性，应改善土壤肥力③。不合理的耕作制度会使得土壤肥力逐年下降，对于土壤稳定性较差的区域，建议实施退耕，并选择一些对提高土壤肥力有显著作用，能明显改善土壤质量的草本、低矮灌木植物以及根系发达的植物作为区域保持水土与修复生态环境的先锋植被，逐渐提高土壤抗蚀性。对于传统农耕区，应采取减少化肥农药使用、增施有机肥、秸秆还田、合理轮作农作物、适当增加豆科植物面积、控制单一作物种植年限、种草肥田、合理调整农林牧用地比例等措施改善土壤肥力，提高土壤生产力④。

---

①　集约用地，我们做得怎样——各地典型经验集锦 ［J］. 中国土地，1999 (12)：10 - 17.

②　林胜平. 欠发达地区发展共享经济的初步思考——以福建省柘荣县为例 ［J］. 宁德师范学院学报（哲学社会科学版），2018 (03)：19 - 23，81.

③　朱冰冰，李占斌，李鹏，沈中原，卢金伟. 土地退化/恢复中土壤可蚀性动态变化 ［J］. 农业工程学报，2009，25 (02)：56 - 61.

④　https：//zhidao. baidu. com/question/131818036. html.

9.2.2.2 水源涵养

植被的水源涵养功能主要通过植物层、枯落物层和土壤层的共同作用，以拦截滞蓄降水、调节径流、影响降雨量、净化水质的方式实现，从而达到有效调控水流、水循环的目的[①]。相关研究表明，阔叶灌丛林植物丰富度高、冠幅密度大、郁闭度高，且比较低矮，降雨能较好地附着于叶面，对降水拦蓄作用最好。常绿阔叶林不仅物种丰富度和郁闭度较高，而且地上的草本物种丰富，故蓄积量高。针叶林凋落物油脂含量高，分解速度缓慢，凋落物累积厚度较高，因而蓄积量也存在优势。汶川大地震极重灾区是长江上游岷江水系水源涵养和水土保持的重要区域，在生态恢复和水土治理过程中，要重视对阔叶灌丛林、常绿阔叶林、针阔混交林的培育，且要营造立体乔木林，杜绝单一林种[②]。

9.2.2.3 固碳释氧

在固碳释氧功能量评估方程中，可通过人为进行调节的因子为生态系统净初级生产力（NPP）。

生态系统的固碳释氧功能主要通过绿色植物的光合作用来完成，气候因子及土地利用是影响植被光合作用的主要因素。虽然人类活动通过加速全球气候变暖进而对生态系统 NPP 产生的影响不明显，但由于社会经济发展、城市扩张而带来的土地利用变化显著减少了生态系统整体生产能力的积累。因此，在城市不断建设的过程中，应严格保护城市生态空间，通过工程技术配合政策管理，提高自然半自然生态系统、人工生态系统的面积及净初级生产力，以实现对区域总体 NPP 的补偿[③]。同时，不同植被类型对气候变化响应特征的不同[④]、叶面积指数的不同、冠层蒸腾量的不同也造成了生态系统净初级生产力之间的差异[⑤]，在土地利用规划过程中，特别是在人口集聚区，应综合考虑不同植被

[①] 张彪，李文华，谢高地，肖玉.森林生态系统的水源涵养功能及其计量方法 [J].生态学杂志，2009，28（03）：529–534.

[②] 吴庆贵，邹利娟，吴福忠，杨万勤，张素兰.涪江流域丘陵区不同植被类型水源涵养功能 [J].水土保持学报，2012，26（06）：254–258.

[③] 吴艳艳，吴志峰，余世孝.定量评价人类活动对净初级生产力的影响 [J].应用生态学报，2017，28（08）：2535–2544.

[④] 张峰，周广胜.中国东北样带植被净初级生产力时空动态遥感模拟 [J].植物生态学报，2008（04）：798–809.

[⑤] 张娜，于贵瑞，于振良，赵士洞.基于景观尺度过程模型的长白山净初级生产力空间分布影响因素分析 [J].应用生态学报，2003（05）：659–664.

的优势，合理布局下垫面。

9.2.2.4　生物多样性保护

在生物多样性保护功能量评估方程中，可通过人为调节的因子为生物多样性指数和生境质量指数。

生物多样性指数与本地植物、动物的物种数与物种特有性密切相关，也受到外来物种入侵度的影响，因此区域政府应通过宣传教育、野外监测技术手段、划定生物保护区域、制定管理政策来保护野生动植物，特别是当地珍稀物种。为防止物种入侵，应完善科学的引种制度，建立引种综合评价中心以加强物种管理，并制定生物入侵应急预案，加强动植物疫情监测，树立全民检疫意识，将检疫知识普及纳入环保宣传计划中[①]。

生境类型是生境质量指数的决定性因素，有林地、高覆盖度草地、滩涂湿地所占权重最高，因此，为提高生境质量指数，区域市县政府应创新改进退耕还林、还草、还湖的鼓励性政策，盘活空闲用地，扩大绿地及湿地面积。

9.2.3　生态系统脆弱性改善措施

生态系统的脆弱性主要来源于自然压力与人类扰动两方面，其中在多种自然力的耦合作用下，生态系统处于缓慢演变过程中，水文地质等环境要素自然质量属性造成了其自身的"本底脆弱性"，而人类粗放的社会生活方式则会加剧生态系统退化、加速其变异。因此，为提升生态系统的健康与安全等级，降低其脆弱程度，不仅需要修复还原或保育维持原有的生态系统功能，还需改变现有的生产生活方式，调整生态空间格局，提升生态系统自我承载修复与自我抵御外界压力的能力，减缓其演化速度。

9.2.3.1　本底脆弱性改善措施

由于自然灾害的不可控因素，应从灾前预防和灾后治理两方面出发，减少自然灾害对生态系统造成的破坏。

（1）监测预报措施

按照《崩塌、滑坡、泥石流监测规范》的相关要求，针对泥石流、洪灾等水体类灾害，可以通过自动化监测上游水位、降雨量、沟底泥位等参数，开发泥石流地质灾害监测预警系统。针对崩塌、滑坡等山体类灾害，可通过探测岩

性强度、监测其绝对位移等参数，对区域岩体进行综合评估，划分危险等级，开发山体灾害监测预警系统，分区分等级管理。针对地震等综合性灾害，应进一步加强对地震波的相关科学研究，进一步优化当前地震预警系统，不断延长地震灾害的提前预报时间。

（2）技术防护与治理措施[1][2]

地震的发生具有不可控性，但由地震引发的次生灾害可通过以下措施来减轻影响。

一是工程措施。针对崩塌、滑坡等山体类灾害，综合考虑灾害的性质、成因和规模大小，选择实施支挡工程、脆弱岩腔填充工程、岩体锚固工程、危岩体清除及削方减载工程等措施来降低灾害对建筑物造成的破坏和人员伤亡。针对泥石流等水体类灾害，可通过在泥石流的形成区、流通区和堆积区修建一系列蓄水、引水、排导、拦挡、支护、改坡等工程控制泥石流造成的影响，例如拦渣坝等拦挡构筑物，束流堤、导流槽、急流槽等排导构筑物，以及护坡、挡墙等防护构筑物等。

二是生物措施。植被是防治自然灾害的天然屏障，通过对地形地貌、土壤岩性和气候适应性等要素进行分析，在地灾隐患点特别是宜林荒坡区域封山育林，根据生态位法则科学实施乔、灌、草山地立体绿化工程，增加植被覆盖面积，建立稳定的防护体系，充分发挥其滞留降水、保持水土、调节径流等功能，以减少降水对斜坡的侵蚀以及河流对底泥的冲刷，形成"土蓄水、水养树、树固土"闭环系统[3]，抑制自然灾害的发生或减轻自然灾害规模。

无论是工程措施还是生物措施，只要控制好水动力、固体碎屑物质和滑坡体地形三个地质灾害的形成要素，就可降低其带来的损失。

（3）管理制度措施

一是优化应急预案。我国法律规定具有环境风险的企业需要编制风险评估与应急预案。对于生态环境自身可能发生的风险事故，当前《四川省自然灾害救助应急预案》等各级自然灾害应急预案多针对社会经济系统，重点保障人民

① 鄢和琳. 川西生态旅游区山地灾害防治对策刍议 [J]. 四川环境，2000（04）：49-51.

② 蒲达成. 汶川震区典型崩塌、滑坡、泥石流分析及防治措施探讨 [D]. 成都理工大学，2010.

③ 赵健. 我国泥石流防治措施研究 [J]. 中国水利，2007（14）：50-52.

生命财产安全制定方案，忽略了生态系统本身。建议在当前应急预案的基础上，加入对生态系统的援助，例如加入生物入侵防控对策、设置动物应急救助站等。同时，加强应急系统信息化智能化建设，保障应急行动的及时性、准确性和高效性。

二是科学进行项目规划。在城镇建设，特别是道路修建过程中，要在项目可行性研究阶段合理避让自然灾害高风险区域，通过绕道或隧道措施变更工程位置。

9.2.3.2　人为脆弱性改善措施

（1）水生生态子系统脆弱性改善措施

一是控制污染物排放量[①]。以生态保护优先于经济发展为前提，科学评估水环境容量和流域水体纳污能力，优化调整产业结构，实行清洁生产机制，减少点源、面源污染物的产生量、排放量和入河量，保障水生生态子系统的安全性。以总量控制和质量保障联防为原则，下发排污许可合理分配排污量，并可借助市场手段进行排污权交易，调动公民保护生态环境的积极性。

二是完善流域水资源调控。科学分配流域生产、生活与生态用水。鼓励企业建立中水回用设备，推动企业发展循环经济，发展节水农业，建设节水型社会；对于水电密集型小流域，虽然修建水利设施既能为生产生活带来经济效益，也能起到防洪减灾的作用，但由于梯级电站存在减水、脱水河段，会对鱼类等水生生物栖息生存造成影响，因此，应严格保障电站生态下泄流量以降低水生生态子系统的脆弱性。

（2）陆生生态子系统脆弱性改善措施

一是科学规划土地用途。龙门山地震断裂活动带核心区域是生态脆弱性最强的区域，也是滑坡、泥石流等次生灾害频发的区域，不适宜作为城镇建设用地和人口聚集区[②]，应将其作为重点防控单元。同时，将生态脆弱性强且生态服务价值高的区域设置为核心保护区，严守生态红线，严格管控与保护生态空间。

---

①　戴丽，李荫玺，祁云宽. 抚仙湖生态脆弱性特征分析与改善对策研究 ［J］. 环境科学导刊，2012，31（04）：48－52.

②　孔博，陶和平，李爱农，刘斌涛. 汶川大地震灾区生态脆弱性评价研究 ［J］. 水土保持通报，2010，30（06）：180－184.

二是建设森林公园。汶川大地震极重灾区西北侧、南侧等生态脆弱度较高的区域应尽量减少人为活动的干扰，以自然恢复为主[1]，可适当通过建设森林公园等发展旅游方式，吸引游客收取游憩费用并进一步用于生态修复，即通过生态补偿的方式，将生态保育行为的外部性内部化，兼顾生态效益和经济效益。但要合理利用自然资源，保证旅游强度在生态承载力范围内。

三是实施新旧动能转换[2]。社会经济发展过度消耗自然生态资源会迅速加重生态系统脆弱性，灾区经历过地震重创后，在国家战略部署下，转环境污染、资源消耗型工业为低碳生态型旅游服务业，成功实现新旧动能转换，未来应进一步优化产业格局，提高低碳环保产业占比，积极发展绿色食品、电子信息、新能源、生物医药工程等高端无污染且具有民族特色的产业，降低生态环境负载。

四是调整农业产业结构[3]。根据区域生态环境和自然资源特点，因地制宜调整作物布局，宜农则农、宜林则林、宜牧（草）则牧（草），种植地方特色植物，发展适性农业，形成地区分异，建设特色农业示范园区。

五是加大农田坡改梯力度，实施减施增效措施[3]。陡坡区域实行退耕保护或者实行坡田改梯田，可以减少肥料、养分和土壤流失量，从而积累生物化学等营养物质，提高土壤养分，改良土壤质地，促进土壤熟化和发育，且可以减少农业面源污染，有效控制水土流失。同时，在农业生产过程中通过引进先进的减施增效技术及设备，提高资源的产出率和利用率[4]，也是改善生态脆弱性的重要举措。

① 孔博，陶和平，李爱农，刘斌涛. 汶川大地震灾区生态脆弱性评价研究 [J]. 水土保持通报，2010，30（06）：180-184.

② 余文波. 江西省土地生态脆弱性动态评价及其调控对策研究 [D]. 江西农业大学，2018.

③ 杨文斌，王在高. 江淮分水岭生态脆弱性特征及对策研究 [J]. 安徽师范大学学报（自然科学版），2005（03）：340-343.

④ 范耀秀，常耀杰，马明璐，等. 晋西生态脆弱性与生态建设对策研究 [J]. 环球人文地理，2015，（22）：273-274.

9.3 优化生态系统质量的关键性宏观对策

9.3.1 管理手段——生态补偿

生态补偿制度是以保护和可持续利用生态系统服务为目的，调节相关利益者关系的经济手段与政策工具。近年来，党中央通过《关于加快推进生态文明建设的意见》《生态文明体制改革总体方案》《关于健全生态保护补偿机制的意见》等多个文件对"生态补偿"做出了重要的决策部署，生态补偿工作已经上升为国家意志。当前汶川大地震极重灾区已成功实现"输血型"补偿与"造血型"补偿的充分结合，震后灾区受到了国内外社会的广泛援助，为灾后重建注入了关键动力，且灾后在国家总体部署下，灾区进行新旧动能转换，以新型城镇化为载体，以生态旅游为支柱产业，成功践行"绿水青山就是金山银山"的自我可持续发展理念。但生态补偿是贯穿于经济发展中的一场持久战，仍有可提升的空间。本节从运行机制视角下开展分析，从政府、市场和社会三个补偿主体入手，提出汶川大地震极重灾区基于当前生态补偿现状的提升对策。

9.3.1.1 政府补偿

（1）加大纵向补偿力度

根据《退耕还林条例》《四川省湿地保护条例》《四川省天然林保护条例》《四川省森林生态效益补偿基金管理办法》等相关文件，我国通过上级政府财政纵向转移支付方式开展的生态补偿主要体现在"退耕还林""天然林保护工程""退耕还草"和"湿地保护"等方面。因此，随着人民生活水平的提高和物质需求的不断增长，特别是对生态服务需求的日益迫切，应科学核算补偿标准，不断加大对农田、湿地、森林、草原等生态系统的补偿力度。

（2）横向生态补偿机制

财政横向转移的生态补偿机制多在流域层面开展，是以国际"易北河州级共治"模式和国内"新安江水质对赌"模式为典型，水质超标"罚款赔偿"和水质达标"奖励补偿"的生态补偿方式解决流域跨界污染问题的重要手段[①]。2016 年 12 月 20 日，财政部、生态环境部、发改委和水利部四部门联合印发了

---

① 王金南，刘桂环，文一惠. 以横向生态保护补偿促进改善流域水环境质量——《关于加快建立流域上下游横向生态保护补偿机制的指导意见》解读 [J]. 环境保护，2017，45（07）：14 – 18.

《关于加快建立流域上下游横向生态保护补偿机制的指导意见》（财建〔2016〕928 号），目标到 2020 年，各省（区、市）行政区域内流域上下游横向生态保护补偿机制基本建立。这是首份针对横向生态补偿提出明确要求的政策文件，标志着我国各地区试点已取得突破性进展，可以进行推广复制。

针对流域横向生态补偿，四川省已于 2016 年实行《四川省"三江"流域水环境生态补偿办法（试行）》，汶川大地震极重灾区内的市县以岷江为补偿对象已进行了试点，并在水质改善方面取得了成效。四川省水系众多，在试点经验基础上，可进一步增加监测点位，将补偿办法推广应用至水系各支流，落实每个市县的补偿责任，详细调查每段水体上下游的主要污染源及污染因子，因地制宜科学细化水质考核指标。此外，考核断面应建立政府直管的水质监测站，确保水质水量监测的自动化、信息化、精确化和数据的权威性。综合考虑水质现状、上游成本和下游效益科学合理确定补偿标准[1]。

除以流域作为补偿对象外，当地政府应关注气候变化问题，积极探索以碳排放为补偿对象的城乡横向生态补偿。城市地区主要从事非农生产，土地利用类型主要为工业、商服、居住、城市绿地等；而乡村地区主要从事农业生产，土地利用类型主要为林地、草地、农作物生产用地等。根据热岛效应、碳平衡分析，乡村地区通常为区域碳汇制造者，城市地区通常为区域碳汇消耗者，中心城区应向周边乡村地区支付生态碳消费补偿费用[2]。因此，汶川大地震极重灾区各县市政府应重视城市、乡村的生态关系，探索同级财政资金转移，完善市域内的生态补偿横向财政转移支付机制，推动城乡经济一体化发展。

（3）其他补偿手段

除最直接、最便捷、最通用的资金补偿外，政策补偿、项目补偿、物质补偿、智力补偿等也是典型的生态补偿途径。例如对保护生态环境而牺牲发展机会的乡镇、个人在就业、教育、医疗、社会保险等社会公共服务方面提供政策倾斜与优惠；对特色民族文化予以政策保护；对于生态移民，可开展产业转

---

① 王金南，刘桂环，文一惠. 以横向生态保护补偿促进改善流域水环境质量——《关于加快建立流域上下游横向生态保护补偿机制的指导意见》解读 [J]. 环境保护，2017，45（07）：14－18.

② 彭文英，马思瀛，张丽亚，戴劲. 基于碳平衡的城乡生态补偿长效机制研究——以北京市为例 [J]. 生态经济，2016，32（09）：162－166.

移＋生态扶贫的"飞地经济"园区合作模式[①]；对于保护区域内部发展受到限制的群体，可通过建立生态补偿专家及技术智库，对企业开展清洁生产技术培训，对农民发放有机肥料、优质农作物、提供农业减施增效技术指导、开展技术培训等方式实现生态补偿。汶川大地震极重灾区各市县政府应积极探索多元化的补偿手段，满足不同受偿人群的客观需求，完善生态补偿体制建设。

9.3.1.2　市场补偿

（1）开展资源产权交易

明晰的产权制度是生态补偿市场化的基础性条件。基于水权、排污权、碳排放权、林权交易的方式，形成生态环境资产有偿使用制度，运用经济杠杆构建生态环境保护的市场格局。通过制定相关规则、明确生态补偿主体[②]、完善价格形成机制，培育协商交易平台[①]，充分发挥市场在资源配置中的能动性，推进生态补偿公平、公开、公正开展。例如阿坝州为改善岷江流域水质和保护饮用水源做出了巨大贡献，可依托岷江水资源，开展水权交易。

（2）开发新的交易产品

依托水权交易开展市场化生态补偿只适用于流域层面，汶川大地震极重灾区政府应充分利用当地自然资源禀赋，开发新的交易产品，探索新的交易市场。例如盐分信用、蒸腾信用、鲑鱼栖息地信用交易均是澳大利亚成功开发的生态服务市场化产品[③]，川滇森林资源丰富，除国家公益林外，可鼓励上游地区居民种植林木涵养水源、修复土壤，以水分蒸腾信用、盐分信用或土壤养分信用与下游地区开展生态补偿市场交易。

（3）PPP 模式

PPP（Public - Private - Partnership）模式，即公私合营模式，是指政府与企业之间，为了提供某种公共物品和服务，以特许权协议为基础，彼此之间形成利益风险共同体，合作共赢并达到"1＋1＞2"的效果，包含 BOT（建设—运营—移交）、TOT（移交—运营—移交）、DBFO（设计—建造—融资—经营）

① 潘华，周小凤．长江流域横向生态补偿准市场化路径研究——基于国土治理与产权视角 ［J］．生态经济，2018，34（09）：179－184．

② 邓延利，陈向东，张彬．推进生态补偿型水权交易的认识与思考 ［J］．水利发展研究，2018，18（12）：26－30．

③ 张惠远，刘桂环．我国流域生态补偿机制设计 ［J］．环境保护，2006（19）：49－54．

等多种运作模式，广泛应用于公益性较强的市政基础设施建设和生态环境治理工程。

当前我国生态环保产业PPP模式进入推广应用阶段，民间资本、外资等各种社会资本大量进入污水、垃圾处理、供水等领域①。汶川大地震极重灾区内的市县政府应广泛推广运用该模式，筹措生态保育项目及生态补偿启动资金，在项目回报机制上，采用使用者付费和政府可行性缺口补助，例如财政资金和税收优惠等②。

（4）成立生态银行，开展绿色信贷

1988年，德国成立了世界上第一家生态银行，专门为生态环保项目提供相关优惠信贷业务③；2004年，日本政策投资银行也提出通过环境评级来选择贷款对象，为绿色信贷提供经验借鉴④。2006年，兴业银行作为绿色金融倡导者⑤，开创了中国绿色信贷的先河，面向环保企业和节能减排企业提供"环保贷"⑥，截至2018年末，该行已累计为16 862家企业提供绿色金融融资17 624亿元⑦。2012年，银保监会制定下发的《绿色信贷指引》成为绿色信贷的纲领性文件，对促进节能减排和环境保护提出了明确要求⑧。

参考国内外成功实践，汶川大地震极重灾区市县政府应鼓励引导本地银行积极开展绿色金融业务，发放绿色贷款，适当引导银行资金投向生态增利型项目和生态补偿项目，并通过财政贴息⑨、降低贷款价格等手段为其开辟"绿色通道"，完善生态补偿投融资市场建设。

---

① 郭朝先，刘艳红，杨晓琰，等．中国环保产业投融资问题与机制创新［J］．中国人口·资源与环境，2015，25（8）：92－99.

② 潘华，周小凤．长江流域横向生态补偿准市场化路径研究——基于国土治理与产权视角［J］．生态经济，2018，34（09）：179－184.

③ 文同爱，王虹．生态银行制度探析［J］．时代法学，2010，8（03）：50－55.

④ 王干，白明旭．中国矿区生态补偿资金来源机制和对策探讨［J］．中国人口·资源与环境，2015，25（05）：75－82.

⑤ 袁海心．兴业银行绿色信贷应用分析［J］．合作经济与科技，2016（15）：110－111.

⑥ http：//news.jstv.com/a/20180605/1528164993858.shtml.

⑦ http：//www.sohu.com/a/310796573_114731.

⑧ 郭朝先，刘艳红，杨晓琰，等．中国环保产业投融资问题与机制创新［J］．中国人口·资源与环境，2015，25（8）：92－99.

⑨ 李卫国．生态银行发展的启示与思考［J］．北京金融评论，2015（01）：204－209.

（5）物质补偿

与民生相关的企业作为补偿主体，与受偿主体之间可签订物质补偿协议。例如针对水电开发密集型流域，可要求河道上的水电企业为库区周围搬迁居民迁建、改建住所，贡献部分电力作为灌溉用能，低价售水、售电给库区周围用户，反哺当地的基本民生需求和生态修复。

9.3.1.3 社会补偿

（1）打造生态标记

生态标记属于生态补偿的间接支付方式，以环境友好型生产的商品可以在市场中获得更高的成交价格，从而履行社会受益者的补偿责任。当前汶川大地震极重灾区的高原生态有机产品种类繁多，"青川黑木耳""七佛贡茶""白龙湖有机鱼"①"茂县花椒"②等已成功纳入"国家地理标志产品"，当地政府应加快认证更多生态标记，诸如汶川大土司黑茶、茂山大枣、樱桃酒、跑山鸡蛋③、崖蜂蜜④等，通过政府购买配合电子商务的发展，将更多的生态优势转化为产业优势。

汶川大地震极重灾区部分市县位于大熊猫国家公园范围内，因此可以大熊猫国家公园建设为契机，推广"国家公园"标志产品，不断健全生态产品标准制定、认证、流通、保护和监管等体系，运用生态标记手段提升产品附加值，通过社会补偿将生产过程中的生态保护成本均匀内部化。

（2）发行政府债券

生态服务价值不仅具有空间外部经济性，也具有时间外部经济性，当地政府可考虑发行政府债券，以政府信用做担保，通过向未来借钱筹集所需资金，并用未来的财政收入还债实现代际之间的生态补偿，且未来随着社会经济的发展和人民生活水平的提高，人民有能力且有意愿为生态服务付费⑤。

---

① http：//gy. newssc. org/system/20131214/001308094. htm.

② http：//www. abazhou. gov. cn/jrab/gxdt/201611/t20161123_ 1221012. html.

③ http：//scnews. newssc. org/system/20161104/000719960. htm.

④ http：//bz. newssc. org/system/20131028/001254902. html.

⑤ 马文学，宁顺华. 生态治理市场化资金筹措方式的研究 [J]. 中国林业企业，2004（06）：23 −25.

（3）面向社会公开募集生态补偿资金

汶川大地震极重灾区各市县政府可探索联合设立川滇森林及生物多样性保护生态补偿基金，通过社会各类公益组织、机构、个人的投资或赞助完善资金筹措渠道。同时可效仿"厄瓜多尔模式"①，将生态补偿专项基金委托于 NGOs 进行管理，独立于政府，保证资金的安全性。

9.3.2　技术手段——生态环境大数据管理

目前，互联网＋大数据在生态环境领域已有大量成功实践，如由微软亚洲研究院开发的用于模拟空气质量的 Urban Air 系统；由北京公众环境研究中心开发的集环境质量、污染源分布、公众监督于一体的蔚蓝地图；由云上贵州开发的专用于提升政府服务功能、质量与管理水平的贵州省环保云②；我国组建的用于研究生物多样性及资源环境变化的中国生态系统研究网络③……均是电子信息技术在生态环境领域的典型应用。汶川大地震极重灾区作为生态脆弱区及重要生态功能区，依托现代化技术与管理手段为生态环境保护提供的战略资源和发展契机，建立数字生态系统与智能生态系统，多方面推进政府决策能力提升，对当地生态文明建设具有重要意义④。

形成完整的互联网＋生态环境大数据平台全过程服务链，一要完善数据输入端，即建立物联网覆盖的生态城市，实现生态环境数据自动监测、自动传输；二要打通数据共享通道，实现多部门、多主体数据共享机制，加深"放管服"改革；三要优化决策输出端，通过运用大量决策模型，提高服务科学性与准确性，真正实现为生态系统服务；四要建立平台安全保障体系，维护以上三大功能的安全。

9.3.2.1　建立健全生态环境信息数据库

数据是分析、决策的"原料"，政府应当统一规划、科学布局，从基础设

---

① 赵玉山，朱桂香. 国外流域生态补偿的实践模式及对中国的借鉴意义［J］. 世界农业，2008（04）：14 - 17.

② 吴班，程春明. 生态环境大数据应用探析［J］. 环境保护，2016，44（Z1）：87 - 89.

③ 赵苗苗，赵师成，张丽云，赵芬，邵蕊，刘丽香，赵海凤，徐明. 大数据在生态环境领域的应用进展与展望［J］. 应用生态学报，2017，28（05）：1727 - 1734.

④ 邬晓燕. 基于大数据的政府环境决策能力建设［J］. 行政管理改革，2017（09）：33 - 37.

施和上层建设齐头并进。

在基础设施上要不断拓宽区域山水林田湖草生命共同体中各要素监测网络的覆盖面并加深其精细化程度。基于传感器采集生态系统中目标的物理、化学、生物属性信息114，并利用存储机、宽带网络等数据虚拟化工具组建生态物联网，保障实现"万物互联"。

在上层建设上要重视云端信息平台建设，一要在数据库顶层设计中考虑为不同数据分配不同的存储板块，建设涵盖自然资源和生态环境等基础数据、环境污染、生态修复、生态技术、生态经济、环境管理等社会经济数据、专项调查及科研数据的数据库；二要保障数据库建设的标准化与规范化，做好数据质量控制工作；三要设计好数据之间的互动通道，加强数据之间的耦合性，降低数据的独立性，从而提高政府在决策过程中的可参考性与可选择性，实现"用数据来说话"。

9.3.2.2 打通政企民多元数据共享渠道

政府应加快开放其所掌握的生态环境数据库，与企业、公民个人、环保组织等群体的生态环境数据进行共享协作，充分利用大数据和互联网平台，打破数据分散存储的"孤岛效应"，促进上级政府与下级政府之间、同级政府不同部门之间、政府—企业—社会公众之间的生态环境大数据互联互通，既能减少数据获取与统计的重复劳动，避免资源浪费，降低信息模糊性、失真率和错误率，减少政府决策的随意性、冲动性和孤立性，又有利于实现对生态环境问题的综合治理和系统治理。

政府在生态环境大数据平台中的主要功能为数据整合、决策并发布服务。平台建立过程中，要设计多数据叠加分析通道，将国土部门的自然资源数据、环保部门的环境监测数据、农业部门的农业污染源数据、工业部门的工业污染源数据、气象部门的气象数据、企业的生产排污与视频监控数据、社会公众的监督举报数据等汇集至一个系统并建立安全共享机制。同时深化"放管服"改革要求，不仅要通过互联网手段便捷服务途径，提高服务质量，更要进一步拓宽公众对生态环境信息公开的知情权限、管理参与权限。针对汶川大地震极重灾区的特殊性，尝试公开更多典型生态环境信息，化解公众与政府间、部门与部门间的信息障碍和信息不对称的问题。

企业在生态环境大数据平台中的主要功能为发挥市场配置作用。基于国家政策，可建立水权交易、排污权交易、碳排放权交易以及数据资源交易等子系统，在市场的宏观调控下，实现数据与数据之间的自主交互与自我革新。

公众在生态环境大数据平台中的主要功能为监督管理作用。因此，在系统建设中应借力微博、微信等主流媒体平台开发其内嵌功能，重点开发移动监督和移动执法功能板块，广泛纳入社会公众"监督员"的力量，形成公众为政府提供数据的"逆信息流"机制，实现生态环境信息更加公开透明、从单一封闭治理向多元主体协同共治的生态保护新格局。

9.3.2.3 建立智能决策系统

丰富的数据服务于决策，建立在"数据＋模型＋分析"路径上的"数字决策"与"智能决策"是信息平台的技术核心[①]。运用其数据调用与数据分析方面的优势，进行生态环境质量评价、生态承载力评价、生态脆弱性评价、生态安全评价、生物多样性评价等[②]，并探索将专家经验加入系统中，建立定量计算与定性判断耦合分析模式，提高决策结果的科学性与准确性。

在"数字决策"的基础上进一步应用数据挖掘、机器自主学习与自动训练的技术实现"智能决策"模式，综合利用环境风险、环境举报、环境突发事件、社会舆论等海量数据，开展统筹分析[①]，集成运用污染物扩散预测模型、污染溯源模型、生境质量退化预警模型等科研成果[③]，判断生态风险的存在，并制定应急预案。针对汶川大地震极重灾区，应重点开发并集成地震、泥石流等自然灾害预警模型、水环境污染事故预警模型等，将生态环境管理模式由事后处理为主转向事前预防为主。

9.3.2.4 完善数据平台信息安全保障机制[④]

生态环境保护作为一项综合性与系统性非常强的工作，涵盖多领域信息，是一项高风险工程。因此要求政府部门在适应新业态下工作挑战的同时，重视信息安全问题，提高信息泄露防范意识，加强信息保护措施。

在技术层面，针对信息内容被篡改、窃取、破坏和数据载体失灵等问题，

---

① 郭少青.大数据时代的"环境智理"[J].电子政务，2017（10）：46-53.

② 董玉红，刘世梁，张月秋，侯笑云，成方妍.大数据在我国生态环境监测与评价中的应用与问题[J].科研信息化技术与应用，2017，8（03）：18-26.

③ 刘丽香，张丽云，赵芬，赵苗苗，赵海凤，邵蕊，徐明.生态环境大数据面临的机遇与挑战[J].生态学报，2017，37（14）：4896-4904.

④ 李蓓，李谦.大数据时代环境保护领域的信息安全问题[J].信息安全与技术，2015，6（10）：3-4，20.

要优化升级访问控制技术、入侵检测技术、数据加密传输技术、数据传输交叉检查技术、网络隔离技术、病毒查杀技术、数据多重备份技术等防范措施，提高系统自我保护与预警能力。

在管理层面，针对组织管理困难、数据冗杂易丢失等问题，要通过梳理信息资源目录制定互联网＋生态环境大数据建设管理办法、数据共享服务流程、数据接口与格式规范、数据安全管理与应用规范、系统运行维护流程等政策文件，建立完整的数据安全保障体系。

9.3.3　试点手段——建立可持续发展议程创新示范区

2015 年 9 月，联合国可持续发展峰会通过了《2030 年可持续发展议程》，该议程的核心是设定了未来 15 年全球在社会、经济、环境三个层面，减贫、健康、教育、环保等领域实现 17 项可持续发展目标（Sustainable Development Goals，SDGs），共 169 个具体目标，受到了国际社会的广泛关注与支持，许多国际组织、国家、非政府组织等纷纷围绕《2030 年可持续发展议程》提出行动计划。2016 年 12 月，国务院发布《中国落实 2030 年可持续发展议程创新示范区建设方案》，并先后批复了深圳市、山西省太原市、广西壮族自治区桂林市、湖南省郴州市、云南省临沧市、河北省承德市 6 个城市建设国家可持续发展议程创新示范区，旨在极大地激发社会发展领域创新活力，为经济发展带来新的动能和保障，推动供给侧结构性改革，推进创新驱动发展战略的全面实施①。

参考桂林市国家可持续发展议程创新示范区的相关经验，效仿其管理与发展模式，充分发挥当地旅游资源与生态环境优势资源，以"多民族人文与生态资源可持续利用"为主题，在财政金融、科技创新、产业发展、土地用地、人力资源支持、对外交流与合作等方面提出相应的对策。

9.3.3.1　财政金融

设立汶川大地震极重灾区生态环境保护专项资金，建立汶川大地震极重灾区生态补偿机制，探索建立多元化的资金来源渠道与生态补偿模式。政府应逐步加大对岷江流域重点生态功能区以及川滇森林及生物多样性生态功能区转移

---

①　牛建生.对创建榆林国家可持续发展议程创新示范的思考［J］.榆林科技，2017（4），10－14.

支付的支持力度，推动开展中央、省、市、县（区）四级联动岷江流域与生态公益林补偿机制试点，有效推动汶川大地震极重灾区山、水、林、生物资源保育。

加快推进金融改革创新，建立健全创业投资引导基金持续投入机制。按照市场方式推动建立桂林市可持续发展基金或设置税收优惠，重点支持示范区新一代信息技术、人工智能、新能源、新材料、低碳环保、生物医药制品、康养旅游、生态产品、特色餐饮、民族文化等高新技术产业、地区优势产业和民族特色产业发展，推动技术成果在示范区转化应用。

开展绿色货款、生态股票、环境保险、绿色证券、环保信托等金融新业态的探索，支持亚洲开发银行、世界银行等国际组织和国内金融机构发行示范区专项绿色债券。募资所得应专项用于示范区生态环境保护、森林景观资源保育等工程。不断丰富募集资金渠道，形成市场化、多元化的资金来源。

9.3.3.2　科技创新

积极响应科技部建立国家可持续发展科技重大专项的政策，各市、区组织设立可持续发展科技重大专项，聚焦示范区与景观资源保育、生态资源保护、低碳清洁生产、可持续发展相关的重大战略产品、关键共性技术和重大工程。

打造县域创新驱动发展高地。建设县级科技成果转化中心，与发达国家和国内发达地区开展科技创新合作，依据各县（市、区）生态环境资源禀赋条件和产业发展基础，因地制宜构建"技术引进—技术匹配—技术本地化—技术商业化"的技术孵化路线与"政产学研用"深度融合全链条，并完善知识产权交易体系，探索试点县域技术合同交易额直接补贴制度，推动县域经济优化升级。

建设科技成果转化示范园区。健全科技成果转化交流平台，承接区内外技术成果转化交易活动，推动绿色技术落地，重点建设绿色技术转移中心、绿色技术银行，培育市场化的科技成果中介机构。着力打造与创新驱动发展战略要求相适应的高效技术交易市场。

9.3.3.3　产业发展

在当前"绿色工业＋特色农业＋全域旅游＋电子商务"的产业基础上，发展高端旅游产业、医疗健康产业、电子信息产业和环保产业，提供更便捷、更智能化、满意度更高、体验感更强的服务。

推进旅游与生态、教育、文化、体育、医疗、康养等产业深度融合，实施生态教育基地开发示范、历史文化、特色文化、少数民族文化保护开发示范、民族特色医药与健康产业开发示范、高端旅游开发示范、社会养老与康乐休闲服务创新示范等工程，建设世界级精品景区，打造世界一流的旅游目的地。

实施智慧旅游工程，建成川滇森林及生物多样性生态功能区旅游大数据中心，推进"掌上游汶川"等智慧旅游信息平台建设。提升旅游服务业的信息化、智能化水平与服务质量，打造"汶川模式"。

推动生态农业创新可持续发展。高起点、高水平建设高标准农田和高效生态农业生产基地，推进示范区茶叶、水果、有机蔬菜、中药等一批"名特优新"农产品深度开发、全过程公开监管和安全质量保障，支持示范区开展田园综合体、公园农田、智慧农业、生态循环农业项目建设和农业发展新模式探索与推广应用，健全城乡融合发展体制机制，打造乡村振兴战略的"汶川典型"。

践行"无废城市"的发展理念，积极响应当前"垃圾分类"行动，全力支持固体废弃物处理处置行业等环保产业，实现资源可持续利用。

9.3.3.4 土地利用政策

按照"集中统筹、分级保障"原则管理土地资源。严守生态红线空间，优先保障生态保护用地面积及范围，分级保障农业生产生活用地，高速公路、高速铁路、水利设施、脱贫攻坚等城镇基础设施项目建设用地以及产业发展用地。特别针对区域当前特色支柱产业及目标发展产业，综合运用土地税费减免、增减挂钩等优惠政策，吸引社会资本以独资、合资、承包、租赁等多种形式参与改善乡村人居环境，发展生态经济。

在符合生态环境保护要求和相关规划的前提下，鼓励通过盘活农村闲置用地、"四荒地"、可用林地、水面等资产发展智慧农业、精品养殖、乡村旅游等，优先安排新增建设用地计划指标。

9.3.3.5 人力资源支持政策

加大示范区人才支持力度，依托当地的自然资源禀赋与产业发展基础，特别针对新能源、生态环境保护、电子信息技术等绿色产业领域，将示范区引进的急需紧缺类人才纳入《成都市引进高层次创新创业人才实施办法》《绵阳市高层次人才证办理办法（试行）》《广元市高层次人才引进暂行办法》等地级市文件的适用范畴，鼓励少数民族人才申报并予以引进倾斜，对引进人才在住房、就业、生活需求等方面予以补贴。

积极开展高端人才引育项目，包括促进人才发展的短期性出国（境）培训项目等，在项目申报审批中适度倾斜。设立可持续发展科研院所，高水平打造"川滇森林及生物多样性资源可持续利用"可持续发展智库，支持智库专家在区域内开展科学调查、研究及成果转化工作，鼓励智库专家申报科技项目。建立专家工作站等载体，灵活使用各类人才。

9.3.3.6 对外交流与合作政策

汶川大地震极重灾区位于四川腹地，地处我国内陆，虽然在社会经济发展过程中已立足当地生态资源优势以生态服务带动区域成功转型，但在对外交流、进一步推广灾区形象层面仍有上升空间。

建设区域对外合作交流高水平示范基地。积极融入"一带一路"、长江流域经济带发展、新一轮西部大开发建设，除熊猫形象外，将当地特色产品（汶川黑茶、羌族马槽酒等物质文化遗产，羌绣、藏羌歌舞等非物质文化遗产）等巴蜀文化推广至全国以及世界，深度融入全球产业链、价值链、物流链，提升产品成熟度和市场认可度。

积极主动扩大对外开放。不仅要将品牌文化、特色产品推出去，还要将国外先进理念与技术引进来。在产业准入的前提下积极引进外资项目，鼓励跨国公司设立地区总部和功能性机构。

打造一流营商环境。对标国际国内营商环境一流城市（地区），引入先进管理规则与标准，营造国际化、法治化、便利化、高满意度的营商环境。探索设立保税区和自贸区。

附 件

1 土地覆盖数据验证

基于地理国情土地覆盖数据，以 Landsat T.、高分 1 号、高分 2 号影像数据为参照背景，结合相应地学知识，利用人机交互逐栅格判别方法获取 2007 年、2008 年和 2017 年 3 个时期的土地覆盖数据。

表 1 土地资源分类系统

一级类型		二级类型		含义
编号	名称	编号	名称	
1	耕地	—	—	指种植农作物的土地，包括熟耕地、新开荒地、休闲地、轮歇地、草田轮作地；以种植农作物为主的农果、农桑、农林用地；耕种三年以上的滩地和滩涂
		11	水田	指有水源保证和灌溉设施，在一般年景能正常灌溉，用以种植水稻、莲藕等水生农作物的耕地，包括实行水稻和旱地作物轮种的耕地
		12	旱地	指无灌溉水源及设施，靠天然降水生长作物的耕地；有水源和浇灌设施，在一般年景下能正常灌溉的旱作物耕地；以种菜为主的耕地，正常轮作的休闲地和轮歇地
2	林地	—	—	指生长乔木、灌木、竹类以及沿海红树林地等林业用地
		21	有林地	指郁闭度 >30% 的天然木和人工林，包括用材林、经济林、防护林等成片林地
		22	灌木林	指郁闭度 >40%、高度在 2 m 以下的矮林地和灌丛林地
		23	疏林地	指疏林地（郁闭度为 10% ~30%）

续表1

一级类型		二级类型		含义
编号	名称	编号	名称	
		24	其他林地	未成林造林地、迹地、苗圃及各类园地（果园、桑园、茶园、热作林园地等）
3	草地	—	—	指以生长草本植物为主，覆盖度在5%以上的各类草地，包括以牧为主的灌丛草地和郁闭度在10%以下的疏林草地
		31	高覆盖度草地	指覆盖度在＞50%的天然草地、改良草地和割草地，此类草地一般水分条件较好，草被生长茂密
		32	中覆盖度草地	指覆盖度在20%～50%的天然草地和改良草地，此类草地一般水分不足，草被较稀疏
		33	低覆盖度草地	指覆盖度在5%～20%的天然草地，此类草地水分缺乏，草被稀疏，牧业利用条件差
4	水域	—	—	指天然陆地水域和水利设施用地
		41	河渠	指天然形成或人工开挖的河流及主干渠常年水位以下的土地，人工渠包括堤岸
		42	湖泊	指天然形成的积水区常年水位以下的土地
		43	水库坑塘	指人工修建的蓄水区常年水位以下的土地
		44	沼泽地	指地势平坦低洼，排水不畅，长期潮湿，季节性积水或常积水，表层生长湿生植物的土地
		45	滩涂	指沿海大潮高潮位与低潮位之间的潮侵地带
		46	滩地	指河、湖水域平水期水位与洪水期水位之间的土地
5	城乡、工矿、居民用地	—	—	指城乡居民点及县镇以外的工矿、交通等用地
		51	城镇用地	指大、中、小城市及县镇以上建成区用地
		52	农村居民点	指农村居民点

续表1

一级类型		二级类型		含义
编号	名称	编号	名称	
		53	其他建设用地	指独立于城镇以外的厂矿、大型工业区、油田、盐场、采石场等用地、交通道路、机场及特殊用地
6	其他	—	—	目前还未利用的土地，包括难利用的土地
		61	沙地	指地表为沙覆盖，植被覆盖度在5%以下的土地，包括沙漠，不包括水系中的沙滩
		62	戈壁	指地表以碎砾石为主，植被覆盖度在5%以下的土地
		63	盐碱地	指地表盐碱聚集，植被稀少，只能生长耐盐碱植物的土地
		64	永久性冰川雪地	指常年被冰川和积雪所覆盖的土地
		65	裸土地	指地表土质覆盖，植被覆盖度在5%以下的土地
		66	裸岩石砾地	指地表为岩石或石砾，其覆盖面积>5%以下的土地
		67	其他	指其他未利用土地，包括高寒荒漠、苔原等

其中，耕地的第三位代码为：

1　山地

2　丘陵

3　平原

4　大于25°的坡地

2　精度验证结果

基于谷歌地球针对研究区开展土地覆盖解译结果抽检，每种类型手动随机抽取5个点位，进行目视对比，判断解译精度。

本次验证共比对了90个点位，比对后准确的点位合计85个，一级土地覆盖类型分类准确率为94.4%，能够满足本项目分析需要。

表2 土地利用类型验证分布示例

分类	土地利用成果截图	影像截图	是否相符	实际分类	经度（E）	纬度（N）
2007年林地			是		103°34′28.295″	30°53′58.226″
			是		103°29′26.014″	30°54′59.754″
			是		103°30′37.312″	30°59′20.410″
			是		105°16′26.400″	32°24′17.154″
			是		105°28′03.892″	32°51′18.842″
2007年草地			是		103°56′36.751″	31°35′19.434″
			是		103°44′54.682″	31°59′02.044″
			是		103°33′25.909″	32°2′09.576″
			是		103°48′39.916″	32°3′24.013″
			是		103°32′05.537″	32°6′28.442″

续表2

分类	土地利用成果截图	影像截图	是否相符	实际分类	经度（E）	纬度（N）
2007 年水域			是		103°48′06.695″	31°38′41.554″
			是		103°45′40.365″	31°5′09.438″
			是		103°34′07.450″	31°2′15.839″
			是		103°28′18.186″	31°0′42.878″
			是		103°26′57.441″	31°4′07.963″
2007 年耕地			是		104°30′46.296″	31°33′21.894″
			是		104°20′38.058″	31°36′34.053″
			是		104°30′44.944″	31°37′41.730″
			是		104°30′44.605″	31°38′46.688″
			是		104°28′12.369″	31°39′51.041″

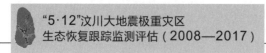
续表2

分类	土地利用成果截图	影像截图	是否相符	实际分类	经度（E）	纬度（N）
2007年城乡、工矿、居民用地			是		104°3′08.574″	31°14′48.288″
			是		104°13′11.289″	31°19′12.185″
			是		104°10′39.392″	31°20′16.198″
			是		104°11′54.522″	31°21′21.634″
			是		105°20′13.683″	32°13′27.069″
2007年未利用土地			是		103°50′18.986″	31°33′06.245″
			是		103°20′34.202″	30°59′28.705″
			是		103°22′31.476″	31°0′20.250″
			是		103°26′12.539″	30°59′28.842″
			是		103°7′14.309″	31°4′06.027″

续表2

分类	土地利用成果截图	影像截图	是否相符	实际分类	经度（E）	纬度（N）
2008 年林地			是		103°34′28. 295″	30°53′58. 226″
			是		103°29′26. 014″	30°54′59. 754″
			是		103°30′37. 312″	30°59′20. 410″
			是		105°16′26. 400″	32°24′17. 154″
			是		105°28′03. 892″	32°51′18. 842″
2008 年草地			是		103°37′50. 987″	31°21′04. 346″
			是		103°39′06. 664″	31°21′05. 148″
			是		103°41′37. 122″	31°22′11. 660″
			是		103°44′07. 641″	31°23′18. 125″
			是		103°45′23. 351″	31°23′18. 865″

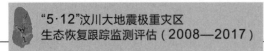

续表2

分类	土地利用成果截图	影像截图	是否相符	实际分类	经度（E）	纬度（N）
2008年水域			是		103°31′29.571″	31°24′14.979″
			是		104°15′40.083″	31°24′37.870″
			是		103°33′58.038″	31°27′31.524″
			是		103°40′51.124″	32°3′02.389″
			是		103°42′43.182″	32°4′23.450″
2008年耕地			是		104°28′14.209″	31°34′26.250″
			是		104°20′38.058″	31°36′34.053″
			是		104°30′44.944″	31°37′41.730″
			是		104°30′44.605″	31°38′46.688″
			否	林地	104°28′12.369″	31°39′51.041″

续表2

分类	土地利用成果截图	影像截图	是否相符	实际分类	经度（E）	纬度（N）
2008 年城乡、工矿、居民用地			是		103°38′09.640″	30°59′25.407″
			是		103°55′45.182″	30°59′35.358″
			是		103°39′22.297″	31°2′41.045″
			是		104°10′43.896″	31°11′36.535″
			是		104°3′08.574″	31°14′48.288″
2008 年未利用土地			是		103°6′36.193″	31°6′36.203″
			是		102°59′02.051″	31°7′34.266″
			是		103°4′03.950″	31°7′38.893″
			是		103°7′42.724″	31°14′11.819″
			是		103°8′57.024″	31°15′17.844″

续表2

分类	土地利用成果截图	影像截图	是否相符	实际分类	经度（E）	纬度（N）
2017年林地			是		103°34′28.295″	30°53′58.226″
			是		103°29′26.014″	30°54′59.754″
			是		103°30′37.312″	30°59′20.410″
			否	耕地	103°25′34.712″	31°0′21.776″
			是		103°30′34.280″	31°2′35.245″
2017年草地			是		103°37′50.987″	31°21′04.346″
			是		103°39′06.664″	31°21′05.148″
			是		103°41′37.122″	31°22′11.660″
			否	城乡、工矿、居民用地	103°44′07.641″	31°23′18.125″
			是		103°45′23.351″	31°23′18.865″

续表2

分类	土地利用成果截图	影像截图	是否相符	实际分类	经度（E）	纬度（N）
2017 年水域			是		104°0′44. 110″	31°3′57. 589″
			是		104°5′45. 341″	31°5′04. 761″
			是		103°50′38. 876″	31°6′02. 480″
			是		103°50′38. 089″	31°7′07. 433″
			是		103°46′49. 105″	31°10′20. 198″
2017 年耕地			否	城镇建设用地	103°39′32. 285″	30°50′46. 596″
			是		103°37′00. 798″	30°51′49. 962″
			是		103°40′44. 000″	30°55′07. 174″
			是		103°41′57. 577″	30°57′17. 840″
			是		103°45′41. 997″	30°59′29. 965″

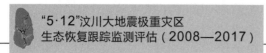

续表2

分类	土地利用成果截图	影像截图	是否相符	实际分类	经度（E）	纬度（N）
2017年城乡、工矿、居民用地			是		103°35′44.561″	30°52′54.101″
			否	耕地	103°58′18.074″	30°56′21.712″
			是		103°57′02.005″	30°57′26.064″
			是		103°57′01.294″	30°58′31.020″
			是		103°58′16.682″	30°58′31.627″
2017年未利用土地			是		102°58′00.394″	30°56′43.821″
			是		102°57′59.018″	30°57′48.748″
			是		103°0′28.358″	30°58′56.024″
			是		103°25′30.437″	31°4′41.545″
			是		103°57′54.064″	31°33′10.154″